国家自然科学基金项目(52204081)资助
安徽高校自然科学研究项目(KJ2021A0453)资助
安徽省高校优秀科研创新团队(2023AH010023)资助
安徽省煤矿安全采掘装备制造业创新中心基金(CMSMEICAP2024003)资助

深井高应力巷道含层理围岩变形机理及控制技术研究

王　拓　常聚才　著

中国矿业大学出版社
·徐州·

内容提要

本书针对深井含层理巷道在高应力条件下表现出非连续大变形特征的问题，以变高度比、变围岩压力条件下的煤岩力学试验、含损伤阈值煤岩损伤本构模型的推导及其二次开发等研究为依据，系统分析了界面刚度、界面位置、围岩岩性和围岩侧向压力系数等因素对含层理巷道变形的影响，提出了针对含弱层理面巷道"帮顶一体，控让结合"的支护思路，并在现场验证了本书研究结果的合理性和可靠性。本书研究结果为我国高应力条件下含弱层理面巷道支护提供了理论依据和实际参考意义。

本书可供从事采矿工程科研教学的人员及相关工程技术人员阅读，亦可为岩土工程、地质工程、安全工程等相关专业人员提供技术借鉴和理论参考。

图书在版编目(CIP)数据

深井高应力巷道含层理围岩变形机理及控制技术研究 / 王拓，常聚才著. —徐州：中国矿业大学出版社，2024. 9. —ISBN 978-7-5646-6443-5

Ⅰ. TD263

中国国家版本馆 CIP 数据核字第 2024E84X75 号

书　　名 深井高应力巷道含层理围岩变形机理及控制技术研究
著　　者 王　拓　常聚才
责任编辑 马晓彦
出版发行 中国矿业大学出版社有限责任公司
（江苏省徐州市解放南路　邮编 221008）
营销热线 (0516)83885370　83884103
出版服务 (0516)83995789　83884920
网　　址 http://www.cumtp.com　**E-mail**：cumtpvip@cumtp.com
印　　刷 江苏凤凰数码印务有限公司
开　　本 787 mm×1092 mm　1/16　**印张** 11.5　**字数** 219 千字
版次印次 2024 年 9 月第 1 版　2024 年 9 月第 1 次印刷
定　　价 50.00 元

前　言

我国煤炭生产主要以井工开采为主，巷道支护是煤矿开采工作中的关键环节之一。习近平总书记强调“富煤贫油少气是我国国情，要夯实国内能源生产基础，保障煤炭供应安全”。习近平总书记的重要论述表明，煤炭是我国能源安全保障的“压舱石”，做好能源工作必须立足以煤为主的国情实际。为满足国家能源安全和可持续发展重大战略需求，深部煤炭资源开发是必然趋势。我国中东部矿区率先进入深部开采，且每年以 10～25 m 的开采深度逐渐向下延伸，深部资源开采理论及技术是我国未来科技发展的重要方向之一。随着社会科技的发展及施工技术的进步，采矿、水利以及交通等领域的深部岩体工程越来越多，特别是煤炭行业，许多煤炭资源的开采已处于地下深部阶段。开采作业进入深部后，巷道围岩应力升高、构造应力场更加复杂，表现出大变形的特性，支护难度大大增加。特别是对于布置在煤层中的含层理巷道围岩，煤和岩体由于强度及变形特征差异较大，导致含层理巷道在高应力条件下表现出非连续大变形特征，而现阶段的巷道支护理论大多基于完整岩层考虑，在含层理巷道中的应用效果并不理想。基于此，本书综合运用实验室试验、理论分析、数值模拟和现场实践等方法，开展高应力巷道含层理围岩变形机理及控制技术研究，从而为我国含弱层理面巷道支护提供理论依据和实际的参考意义。

本书共分为 7 章。第 1 章为绪论，简要介绍了本书的研究背景与意义、国内外研究现状以及全书的主要研究内容；第 2 章为巷道围岩力学特性研究，讨论了深井含层理巷道围岩非连续大变形的关键特点，得到了煤体峰后阶段的剪切滑移变形是造成含层理巷道围岩非连续大变形的关键因素；第 3 章为煤岩组合体应变软化非线性损伤模型，推导了损伤体本构模型的三维差分形式，验证了自定义本构模型围岩相较于M-C本构模型的优越性；第4章为高应力巷道含层理围岩变形机理研究，对巷道界面位置、界面刚度、围岩岩性和围岩侧向压力系数等因素进行了分析，揭示了煤岩巷道在不同压力条件下的支护薄弱点；第5章为高应力巷道含层理围岩变形控制原理，利用中国矿业大学自主设计的巷道灾害模型控制试验系统开展含层理巷道变形控制相似模拟试验，提出了针对含弱层理面巷道"帮顶一体，控让结合"的支护思路，以充分调动围岩自身的承载性，做到控制与让压相结合；第6章为高应力巷道含层理围岩变形控制现场实践，设计并实施了高应力含弱层理面巷道支护方案，后期监测结果显示，新型支护方式效果良好，验证了本书研究结果的合理性和可靠性；第7章为结论。

本书的出版得到了国家自然科学基金项目(52204081)、安徽高校自然科学研究项目(KJ2021A0453)、安徽省高校优秀科研创新团队项目(2023AH010023)、安徽省煤矿安全采掘装备制造业创新中心基金(CMSMEICAP2024003)的资助，特此致谢！

需要特别说明的是，中国矿业大学马占国教授、龚鹏教授对本书的研究工作给予了大力支持和帮助，在此表示衷心的感谢！

由于作者时间和水平有限，错误和不足在所难免，欢迎有关专家和读者提出宝贵意见。

作　者

2024年8月于淮南

目 录

第1章 绪 论

1.1 研究背景和意义

《能源发展“十三五”规划》和《煤炭工业发展“十三五”规划》[1-2]均明确指出煤炭工业是关系国家经济命脉和能源安全的重要基础产业，在我国一次能源结构中，煤炭将长期占据主体能源的位置。我国能源资源结构的特点是“富煤、贫油、少气”，煤炭资源储量占一次能源总量的94.22%，而石油、天然气则不足6%（见图1-1）。国家发改委、国家能源局印发的《能源生产和消费革命战略（2016—2030）》和国际能源属（IEA）[3-4]预测2030年我国煤炭消费占比仍然可以达到50%左右。

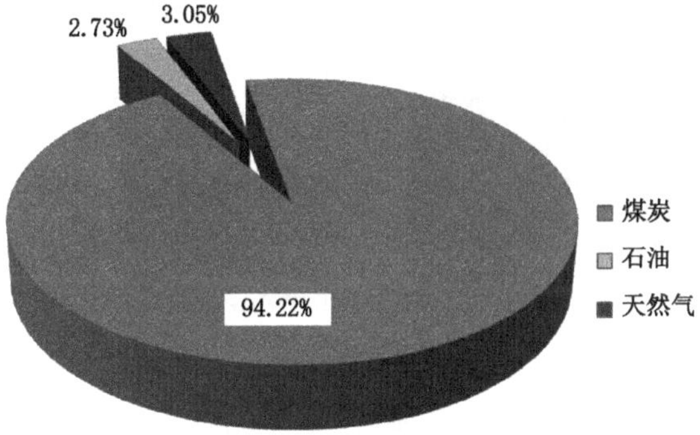

图1-1 化石能源储量占比

同时，我国煤炭生产露天矿占有比例少，主要以井工矿为主。因此，巷道支护一直以来是煤矿开采工作中最为重要的环节之一[5-14]。但是，因为巷道围岩条件极其复杂多变，大部分巷道的掘进和维护都存在施工安全性差和技术难度大等问题，煤矿开采工程中仅支护费用就占据一半以上[15-27]。

对于含层理面巷道，一般由岩石和煤共同组成巷道的围岩结构。在薄煤层开采中，巷道的需求高度往往大于煤层厚度，需要将巷道布置为半煤半岩的形式。同样，对于中厚及厚煤层开采，为了使长期服务使用的区段大巷能够维持良好的顶板条件，一般也会将巷道沿煤层顶板掘进，以增加顶板的稳定性与完整性。这在一些顶板压力不大和煤层完整性好的巷道中取得了良好的应用效果[28-40]。但也暴露出一些问题，比如在受采动压力影响的巷道、两侧采空的"孤岛"式巷道等条件下[23-24,41-51]，工作面开采后覆岩往往以"倒梯形"形式存在[52-53]，高应力持续作用在煤柱及巷道结构上，使巷道两侧强度较弱的煤体逐渐发生失稳变形。

含层理巷道帮部煤层和岩石相比，强度低、变形量大，在垂直高应力作用下煤层先发生变形破坏，煤体会沿着破裂面产生剪切滑移。特别是煤体与顶板岩层间黏结性弱的巷道，岩层与煤层之间缺少约束作用，易沿着煤岩交界的薄弱面向巷道内挤压变形，造成两帮煤体大幅度变形收缩，然后顶板下沉、底板鼓起这样一系列非连续、大范围失稳破坏的变形模式[54-55]，严重时会造成安全事故，影响矿井安全生产。同时，巷道顶板与两侧煤体之间无缓冲层，顶板岩石在高应力作用下储存的能量在煤柱失稳破坏后释放，从而加重煤柱的变形破坏[52,56-64]。加上含层理巷道的支护强度低或支护方式不合理，巷道将难以形成帮、顶、底平衡的"小结构"，巷道两侧煤柱不能有效支撑顶板压力。含弱层理巷道中沿顶板掘进巷道和半煤岩巷道煤层与顶板位置关系如图 1-2 所示。

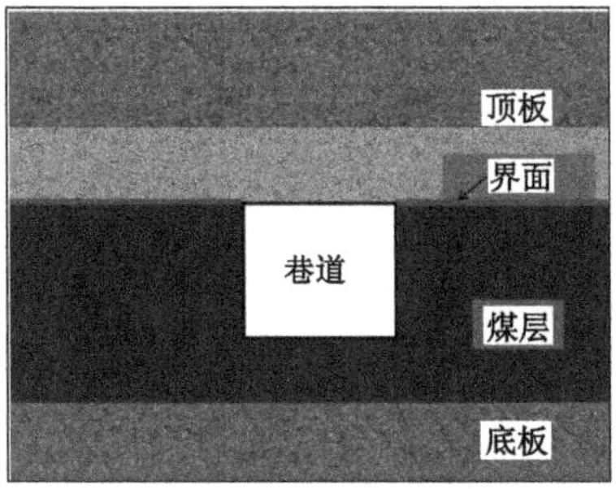

(a) 沿顶板掘进巷道

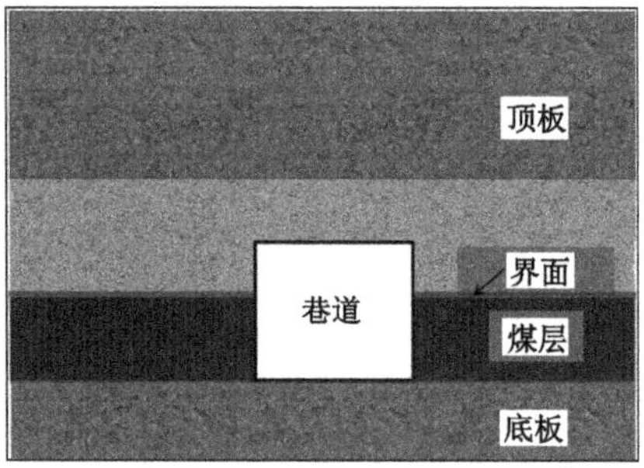

(b) 半煤岩巷道

图 1-2 两种类型的含层理巷道

与布置在完整岩层巷道相比，高应力下的含层理巷道变形具有一定的特殊性，其主要体现在：

(1) 煤体的强度比顶板小，变形比岩石大，帮部煤体达到峰后阶段，内部产生剪切滑移变形，变形速率远大于顶板岩石，且帮部煤层和岩层层理面(对称界面)黏结能力弱，缺少对煤柱水平滑移的约束，煤柱在高垂直应力和水平应力作用下沿界面滑移挤出，帮部出现不协调、凸出变形。

(2) 巷道两帮煤层与顶板直接接触，缺少缓冲层的作用，顶板中的能量释放直接导致两帮煤柱二次破坏。

(3) 巷道围岩松动圈大，由于缺少针对性的限制作用，导致单纯增加帮锚杆、锚索的长度作用有限，且锚杆长度增加使得预应力难以扩散到围岩深部，导致巷道松动圈的范围进一步增加。

高应力作用下沿顶板掘进巷道的变形特征如图 1-3 所示，靠煤柱侧的顶板锚杆已完全内移至煤柱内部，帮部煤体破碎、移近量大。

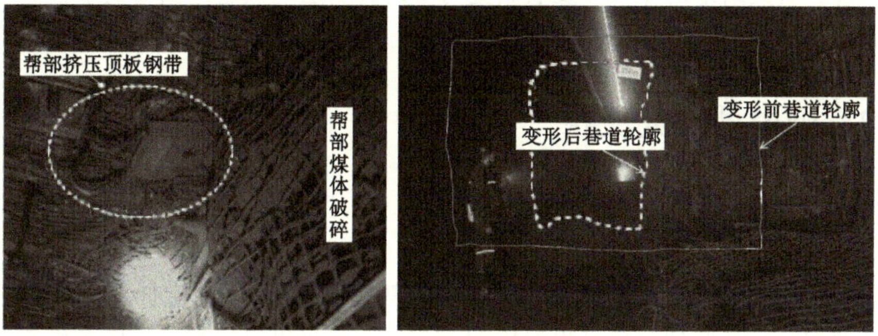

图 1-3 高应力作用下沿顶板掘进巷道的变形特征

现阶段，对单一煤体和岩体的力学特性及变形失效特征研究基本成熟，并以此基本参数在一些巷道变形治理中取得了良好的效果。但是，在对高应力含弱层理面的巷道中应用效果并不理想。由于缺乏对此类巷道变形的认识，无法准确描述巷道赋存环境与受力特征，也很难揭示巷道在高应力情况下的变形规律。而实际上煤岩组合体能更好地体现巷道顶板与煤柱之间的相互作用，更能反映巷道实际的应力-应变特征，其变形情况也更接近煤矿现场[65-72]。

近年来，围绕巷道变形控制，研究人员开发了多种支护技术，对巷道支护技术的理解也逐渐成熟。目前，国内主要运用锚杆、锚索的悬吊组合作用使巷道塑性区围岩悬挂在巷道内部稳定的岩层中，形成稳定的承载“小结构”，对于条件复杂围岩巷道一般采用高强度、大刚度锚网索支护技术。从工程实践来看，这些技术对高应力作用下含层理巷道围岩的控制效果并不十分显著，没有找出巷道大变形的机理。虽然能通过注浆加水平锚杆支护控制两帮煤柱塑性区的破碎程度，但是对于限制顶帮滑移问题效果很差，煤柱常常以整体滑移的方式挤出，巷道经过多次翻修仍无法实现稳定，不能从根本上解决问题。与此同时，巷道的支护成本与维护费用成倍增加，严重影响煤矿企业的安全生产和经济效益。因此，设计并形成一套针对高应力影响条件下含层理巷道变形预测及支护体系，成为亟待开展的工作。

本书根据高应力含层理巷道的变形特点，简化煤岩层之间的层理作用，忽略层理的压缩变形，只研究其层理黏结、剪切的影响，将煤和岩石组合，研究不同煤岩高度比条件下煤岩组合体的强度及变形特征。提出了含损伤阈值的损伤应变软化模型，并实现在数值模拟软件中的二次开发。基于自定义损伤本构模型研究了多变量条件下的巷道围岩变形及失稳过程，得到含层理巷道变形的主控因素，并提出了“帮顶一体，控让结合”的新型支护理念，实现了对巷道变形的稳定性控制。研究结果对完善和发展高应力下的含弱层理面巷道围岩变形控制理念及实现巷道的安全、稳定具有重要的理论意义和工程实用价值。

1.2 国内外研究现状

1.2.1 煤岩力学特性研究进展

力学特性试验是巷道围岩变形分析的基础，巷道围岩稳定性与围岩的强度和破裂形式关系密切。通过煤岩体的力学试验不仅可以得到岩石的基础力学参数，而且对揭示巷道围岩的裂隙演化和失效机制具有重要的参考意义。众多学者做了关于煤体和岩体力学特性试验，包括纯煤体和纯岩体常规三轴试验、真三轴力学特征试验以及不同应力路径下的岩石力学特性试验；也有一部分学者以煤岩组合的形式进行组合岩体的力学试验，揭示了煤岩组合体的强度特征及破坏形式。

刘泉声等[73]通过 MTS815 试验系统进行了煤体和岩体的常规三轴力学特性试验，研究了煤岩的变形、强度参数及破坏特征。研究结果显示：煤岩在低围岩压力下呈现较为明显的脆性特征，随着围岩压力的升高，逐渐呈现出延性特征；峰值应变与围岩压力的关系为近似抛物线形式，且围压越小，岩体的扩容机制越明显。Alexeev 等[74]进行了岩体真三轴压缩下的变形和断裂试验。试验结果表明：岩体在真三轴压缩下的断裂是由纵向和横向剪切共同作用产生的，断裂时岩体的剪胀性最大；静水压力水平的增加会降低剪应变的极限值，并抑制剪胀效应；岩体的初始孔隙度和剪胀性较高，使得在最小应力分量 σ_3 较低的情况下，一些砂岩在真三轴压缩下变得更脆。Wen 等[75]为了研究煤体中的原生裂隙在潜在失效机制中所起的作用，在实验室条件下对褐煤试样进行了不同裂纹角度的单轴压缩试验。研究发现：裂纹角度对失效模式和裂纹扩展方向有显著影响，预置裂纹改变了煤的应力-应变曲线形状，预置裂纹角度为 45°时，煤的强度最小。Zhang 等[76]基于颗粒流数值模型方法，采用平行键合模型对含单一裂纹的类岩石材料在单轴垂直压缩下的开裂过程进行了数值模拟，深入了解了岩石在单轴压缩载荷作用下的裂纹萌生、扩展和合并过程；随着加载的继续，岩石中出现多个新的微裂纹，这些微裂纹随后扩展并最终合并成宏观裂纹，裂纹倾角对裂纹萌生和扩展模式有很大影响。Cao 等[77]研究了天然裂隙煤在应力和水力压裂作用下的声发射响应，在偏应力条件下，向煤体中部注入硅油形成水力裂缝，用声发射系统重复产生和接收 P/S 波脉冲，以表征煤块的力学性质和揭示裂缝生长。研究结果表明：煤块内部天然裂缝网络的复杂性和绝缘性决定了煤块的压裂行为；随着应力的增加，煤体内的天然裂缝以及微裂隙和孔隙逐渐闭合，声波波速与围压呈正相关关系。

但是，对含弱层理面巷道，其覆岩载荷是由煤体和岩体共同承载的，巷道的安全与稳定是由顶板岩体和煤体共同决定的。岩体和煤体的变形差异性是引起巷道不均匀大变形的重要原因之一。因此，研究单一煤体或岩体的变形、强度特征和失效特点无法准确揭示此类巷道的受力特征，也无法直接表明巷道出现不均匀大变形的原因。

左建平等[78-80]以围岩压力为变量，对尺寸为 $\phi35$ mm×35 mm 的煤岩组合体进行了力学特性试验研究。研究结果表明：同比例下的煤岩组合体破坏形式以单斜面剪切破坏为主，随着围岩压力升高，煤岩组合体的峰值强度和峰后残余强度均有一定程度的增加，组合体的强度衰减系数与围岩压力呈负相关关系。李成杰等[81]为了避免煤体中原生裂隙的影响，将煤体与水泥重新胶结，制成质地较为均匀的试样，再与岩体等比例紧密黏合，以此进行煤岩组合体单轴条件下的力学试验。研究结果表明：煤体中靠近岩体的径向应变最小、中部应变最大；与单一煤体或岩体试样相比，煤岩组合体达到峰后阶段可以承受更久的压力作用。杨科等[82]制作了煤岩三体组合试样，并采用 PFC^{2D}数值模拟软件研究煤岩组合体在单轴压缩条件下的力学特性与裂纹扩展情况。结果表明：煤岩组合体的破坏首先在强度较低的煤体中出现，破坏以煤体的剪切破坏为主，煤体的破坏导致组合系统的失效。窦林名等[83]同样将顶板、煤层和底板视为一个整体系统，制作了三体组合的试样，并采用声电系统对煤岩组合体破坏过程中的电磁信号和声发射信号进行监测。结果表明：组合体试样峰前阶段的电磁辐射信号随着试样的载荷增加而增强，试样破坏时，电磁信号有明显的波动，可以准确预测试样破坏，对预测煤矿动力灾害具有重要意义。陆菜平[84]以煤岩组合体力学试验为基础，提出了煤岩组合体的强度弱化减冲原理；组合系统的冲击倾向性、顶板的厚度与微震强度之间呈正相关关系，且微震信号振幅越大，频谱越低，煤岩组合系统的冲击倾向性越明显。谭云亮等[85]测定了煤岩复合试样的力学性能，得到了一种考虑顶板和底板影响的评价煤层冲击性能的新方法。Guo 等[86]研究了接触角度对煤岩组合试样在单轴和三轴载荷作用下强度和破坏演化的影响，利用 CT 扫描技术从微观角度观测了煤岩组合体的破坏形式。Huang 等[87]研究了煤岩组合体在不同加载速率下的力学特性，得到煤岩组合体的强度和弹性模量介于煤体和岩体之间，随着加载速率的增加，煤岩组合体的峰值应变呈线性增大，峰后割线模量逐渐减小。同时，齐庆新、李纪青、刘波、姜耀东等[88-91]都对煤岩组合试样的力学特性进行了力学试验研究，研究了层状煤岩体结构破坏时的冲击倾向性。

综上所述，目前的研究大多集中于煤岩单体以及等比例煤岩组合体的力学特性试验，对于不同比例煤岩组合体三轴力学试验研究较少。在实际工程中，由于煤层和顶板岩石的厚度不确定，同时，半煤岩巷道中煤岩层理面暴露在巷道中的位置也不一样，不同的层理面位置对应的煤岩组合系统的力学特性也有不同。因此，开展不同高度比例下煤岩组合体单轴及三轴力学特性试验，对认识含层理巷道变形特征及揭示巷道在高应力条件下的失稳机制都具有重要意义。

1.2.2 岩石强度理论和损伤本构模型研究

岩石的强度理论和损伤本构模型也是煤岩体力学特性研究的一部分，能准确反映岩石的强度特征和变形特点，是对煤岩体进行理论分析和数值模拟分析的基础。

1.2.2.1 *岩石强度理论研究*

莫尔-库仑(Mohr-Coulomb，M-C)屈服准则[92-93]是目前应用最广泛的准则(图 1-4)。当压力不大时，可以采用斜直线强度曲线推导莫尔-库仑屈服准则表达式：

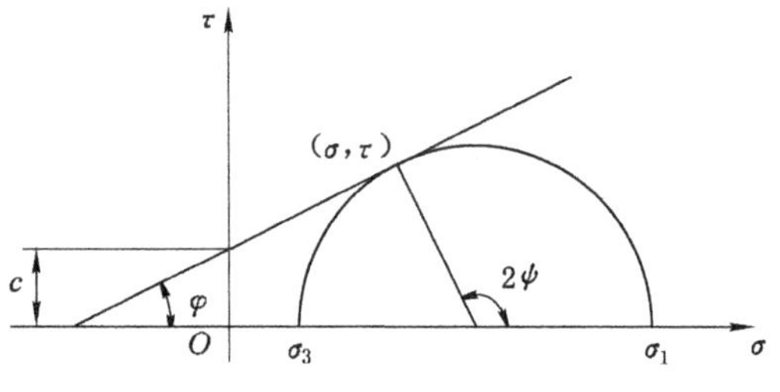

图 1-4　莫尔-库仑屈服准则

$$\tau = c + \sigma\tan\varphi \tag{1-1}$$

用极限主应力 σ_1 和 σ_3 表示的莫尔-库仑屈服准则如式(1-2)所示：

$$\sigma_1 = 2c\sqrt{\frac{1+\sin\varphi}{1-\sin\varphi}} + \frac{1+\sin\varphi}{1-\sin\varphi}\sigma_3 \tag{1-2}$$

当 $\sigma_3=0$ 时,岩石的单轴抗压强度 σ_c 如式(1-3)所示:

$$\sigma_c=\sigma_1=2c\sqrt{\frac{1+\sin\varphi}{1-\sin\varphi}} \tag{1-3}$$

胡克-布朗(Hoek-Brown,H-B)准则[94-98]:Hoek 和 Brown 通过对大量岩石三轴试验资料和大量现场岩体试验成果的统计分析,结合岩石性状方面的理论研究成果和实践检验,提出了岩石强度参数的取值方法,已成为当前岩石力学中广泛使用的强度准则,并可用下式表示:

$$\sigma_1=\sigma_3+\sigma_c\sqrt{m_1\frac{\sigma_3}{\sigma_c}+1} \tag{1-4}$$

式中:m_1 为岩石量纲的经验参数,反映岩石的软硬程度,取值范围为 0.001~25.0。

Matsuoka 等[99-100]基于空间滑动面(SMP)理论建立的 SMP 准则既符合 M-C 屈服准则,又克服了偏平面内 M-C 准则的奇异性和德鲁克-普拉格(Drucker-Prager,D-P)准则的抗压强度相等性,同时能够反映中间主应力的影响。Matsuoka 等推导的 SMP 准则的表达式如式(1-5)所示:

$$\frac{\tau_{\mathrm{SMP}}}{\sigma_{\mathrm{SMP}}}=\frac{2}{3}\sqrt{\frac{(\sigma_1-\sigma_2)^2}{4\sigma_1\sigma_2}+\frac{(\sigma_2-\sigma_3)^2}{4\sigma_2\sigma_3}+\frac{(\sigma_3-\sigma_1)^2}{4\sigma_3\sigma_1}}=\mathrm{CONST} \tag{1-5}$$

式中:τ_{SMP} 为 SMP 上的剪应力;σ_{SMP} 为 SMP 上的正应力。SMP 准则只适用于无黏性材料,为了使其适用于有黏性的材料,Matsuoka 等于 1990 年做了修改,在主应力表达式中引入一个黏结应力 σ_0,将其用于 C-φ 材料的扩展 SMP 准则。

常用的还有广义拉特-邓肯(Lade-Duncan,L-D)准则[101-103]和外接圆 D-P 准则[104]等,广义 L-D 准则与广义 SMP 准则表达式类似,其平面极限线亦为曲边三角形,两者最大的差异在于:广义 L-D 准则只通过 3 个广义压缩点,而广义 SMP 准则同时通过 3 个广义压缩点和 3 个广义拉伸点。外接圆 D-P 准则是广义 Mises 准则的一种线性形式,视中间主应力 σ_2 与最小主应力 σ_3 对强度的影响一样,其平面极限线为过 3 个广义压缩点的圆。

王红才等[105]提出 M-C 屈服准则表述岩石发生塑性变形后不同应力状态下屈服面的应力-应变关系。将传统的应力-应变三线模型改为四线模型,使达到塑性状态时岩石的黏聚力和内摩擦角为变量。曹艺辉等[106]验证了 M-C 屈服准则对花岗岩、黄土、胶结砂等材料真三轴试验的适用性。结果显示:M-C 屈服准则极限迹线为存在尖点的六边形,试验结果存在一定偏差;通过对其形状函数进行修正,修正后的 M-C 屈服准则对岩石类材料真三轴试验数据拟合较好。Bagheripour 等[107]建立了描述岩石三轴强度特性的修正 H-B 破坏准则,介绍了确定失效准则参数的步骤,提出了预测各向异性岩石单轴抗压强度变化的经验公式。结果表明:修正的H-B破坏准则对各向异性岩石的强度具有较好的预测能力。翟所业等[108]运用D-P准则推导了巷道塑性区应力及半径的解析解,并讨论了影响解析解的各项因素,并与使用M-C准则推导的结果进行对比,结果表明D-P准则更适应于巷道围岩塑性区的计算。Zhu等[109]基于SMP准则,用残余应变来表达峰后非线性弹性模量,建立了统一的岩石峰后残余应力非线性本构模型,并利用该模型得到了不同围压下的应力-应变曲线。结果表明:基于SMP准则建立的岩石本构关系能够模拟试验结果,证明了模型的合理性。李波等[110]考虑土的应变软化特性,利用SMP准则分析了土体中柱形孔扩张问题中的应力场、位移场,得到土的剪胀性及中间主应力对柱形孔变形具有重要影响。此外,Saroglou、Rezaiee-Pajand、Colak、Zubeldia、Cicekli、赵尚毅等[111-116]分别利用不同岩石强度准则进行理论分析,验证了不同强度准则对不同岩石条件的适用性,取得了一定效果。

1.2.2.2 岩石损伤本构模型

Kachanov[117]和Rabotnov[118]于20世纪五六十年代分别提出了关于岩石损伤中损伤因子和连续度的概念。Lemaitre等[119-120]基于应变等价性假说首先将损伤引入材料的本构模型中,开创了研究材料损伤本构模型的先河。Chaboche[121-122]和Krajcinovic等[123-124]利用连续介质理论的方法,提出了"有效应变和应力"的概念,建立了基于不可逆热力学原理的"损伤力学"。Dougill等[125]首先将损伤力学引入岩石力学领域。唐春安等[126]讨论了连续损伤理论和统计损伤理论之间的关系,利用Lemaitre[119]提出的应变等价假说建立了岩石软化损伤统计本构模型。张超等[127]对岩石的峰后应力跌落速率进行研究,建立了岩石峰后应力跌落速率损伤本构模型,该模型可以反映岩石峰后应力变形情况。曹文贵等[128-133]对岩石的损伤本构模型做了较为全面的研究,分别利用M-C强度准则、D-P强度准则从不同角度度量岩石的损伤因子,建立了岩石的应变软化损伤本构演化模型,探讨了不同角度建立损伤本构方程的利弊。

也有学者研究了将煤岩组合为一个整体系统后的理论解。Petukhov等[134]首次将煤层顶板、底板和煤层组合成一个整体,为系统失效后的变形提供理论方程解,并制定了适合于该物理过程的稳定性标准和定义;给出了破坏后变形理论的完整方程组,并制定了适合整个物理过程的稳定性准则和定义,讨论了系统组合后的巷道稳定性问题。左建平等[79,135]基于轴向裂纹应变,建立了煤岩组合体的轴向裂纹闭合和裂纹扩展模型,分析了煤岩组合体峰前、峰后的破坏特征,通过将煤岩组合体分为裂隙体和基体两部分,得到了煤岩组合体峰前、峰后的非线性应力-应变关系。Zhao等[136]基于应变能等效原理,首次建立了煤岩组合体的等效均质模型及其应力状态表达式,并通过对煤泥岩组合体进行室内试验,验证了所提出方法的正确性。Guo 等[137]基于煤岩组合体单轴压缩试验，将煤岩组合体划分为弹性体和损伤体两部分，建立了等高度比下煤岩组合体损伤本构模型，并用试验数据拟合，效果较好。

综上所述，依据岩体强度理论建立岩体损伤本构模型的研究已经趋于成熟，但是单岩体损伤模型并不能解释煤岩组合体的应力-应变关系。虽然有部分学者依据岩体强度理论建立了煤岩组合体的非线性损伤模型，但是建立的模型还存在很多不合理性。例如，无法准确反映煤岩组合体内部微元强度的变化，也没有在组合体系统中引入损伤阈值的概念，无法体现损伤是在煤岩组合体达到屈服点时开始。

1.2.3 巷道围岩变形及稳定性控制研究

一般来说，加固围岩是巷道变形控制的主要手段，加固方式又分为主动支护和被动支护两类[138-146]。主动支护主要有锚网索支护、注浆支护、锚注支护等，被动支护主要是金属架棚支护、砌碹支护等；比较成熟的支护理论有新奥法支护理论、联合支护理论、松动圈支护理论、能量支护理论等[147-156]。巷道支护的本质是利用锚杆、锚索等支护体，将巷道周围塑性区围岩锚固至稳定区域，利用主动支护力和巷道围岩之间的横向挤压作用使巷道周围岩体形成稳定承载的“小结构”，从而达到稳定支护的效果。

苏联学者提出巷道围岩支护的能量原理[157-158]，认为巷道开挖后，周围岩体变形，应力重新分布，这是一个能量的转移过程。巷道临空面的围岩产生塑性变形，释放大量能量，一部分能量加剧围岩变形破裂，一部分能量作用在巷道的支护结构上，当支护体内部储存的能量与释放能量达到平衡时，巷道围岩将处于稳定状态。应力控制理论认为巷道围岩的变形压力大，应避免硬抗的方式，而应通过卸压的手段释放围岩的变形能，将载荷转移至巷道围岩较远的区域，从而减少对支护体的破坏。谭云亮等[159-160]利用探地雷达对华丰煤矿部分采动影响巷道的两帮破坏范围进行探测研究，并通过多元回归分析给出了两帮破坏范围与采动应力集中系数、埋深、岩体单向抗压强度以及服务时间的关系式。陈建功等[161]从巷道围岩开采时的受力环境入手，考虑静载和动载条件下巷道围岩变形机理，研究认为：巷道围岩开挖时周围岩体在动载扰动下出现张拉破坏区，在静载作用下产生拉剪复合破坏区，根据弹塑性力学提出巷道围岩破碎区半径表达式：

$$r_2 = r_1 \left[\frac{p_0 + c\cot\varphi}{p_1 + c\cot\varphi} \cdot \frac{1-\sin\varphi}{1+\sin\varphi}\right]^{\frac{1-\sin\varphi}{2\sin\varphi}} \tag{1-6}$$

式中 φ, c——围岩的内摩擦角和黏聚力；

p_1——破碎区对塑性软化区的支撑反力。

王连国、蒋邦友等[162-164]基于M-C准则简化了岩石应力-应变曲线，得到了软岩巷道围岩弹塑性应力分布特征以及巷道变形的解析解；将巷道分区域划分，给出了各个区域的位移函数，并提出了相应的支护方法，取得了良好的应用效果。Brown等[165]考虑隧道周围岩体中塑性体积应变的影响，提出了一种在静水地应力场作用下，圆形断面隧道在岩体中开挖时的响应曲线计算方法。Sharan[166-167]给出了H-B弹脆性岩体围岩应力-变形解析解，得到了基于一般H-B准则的解析式。Reed等[168]认为煤柱的宽高比对煤柱强度和变形破坏模式具有一定影响。Zheng等[169]指出较高的软化速率下有限元应变软化分析中存在收敛性问题，因此分析中一般将塑性状态下的岩体分为多个区进行分析；Park等[170-171]基于塑性区不同的弹性变形规律给出了弹脆性模型下围岩应力和变形解析解；Wang等[172]针对应变软化介质强度参数在峰值后下降的显著特点，考虑了M-C、H-B和广义H-B屈服准则，提出了一种圆形隧道岩石应变软化过程简化为塑性应变增加过程中的应力降和塑性流动的方法。钱鸣高、左建平等[173-175]指出软岩巷道支护优化设计的原则是既让软岩巷道围岩巨大的变形能释放出来，同时又能够在围岩未出现松动破坏之前进行加强支护。康红普等[176-179]针对高应力软岩巷道的大变形特点，提出了巷道支护-改性-卸压协同控制理念，配合超高强度锚杆支护材料，实现对巷道围岩变形的稳定性控制。王襄禹、侯朝炯等[180-181]针对深部高应力巷道的变形特点，从岩石微观裂纹影响宏观破坏的角度分析，揭示了深浅分层次注浆的支护作用，强调围岩强化的作用。袁亮等[182]分析了“三高”耦合作用下的围岩变形破裂机理和稳定性演化规律，在此基础上提出了基于“应力状态恢复改善、围岩增强、破裂固结与损伤修复、应力转移与承载圈扩大”4项基本原则的围岩稳定控制理论，该理论对复杂巷道围岩的稳定性控制具有深远的影响。常聚才等[183]研究了深部巷道开挖后围岩变形及应力演化特征，从深部巷道围岩开挖之后的变形及强度特征入手，提出了巷道高强度＋高预紧力锚杆支护设计，该设计配合关键部位围岩注浆＋锚索支护等关键技术，取得了良好的应用效果。

还有一些学者针对含界面巷道围岩变形及其稳定性控制进行了研究。Gerrard[184]认为节理的抗剪强度是由“断裂”和“摩擦”组成，滑动和剪切是构成节理岩体破坏的主要因素，并在此基础上提出了节理剪切强度的分析模型。王刚等[185]深入研究了加锚节理面的变形特点，采用应变能等效的方法建立了加锚断续节理岩体在拉剪应力状态下的本构关系，并将其理论模型应用于岩体稳定性分析中，验证了该模型的有效性。刘泉声等[186]从试验角度研究了不同锚固支护角度对两剪切错动岩体变形的影响，并与无锚固岩体变形对比分析。结果表明:锚杆锚固对节理面参数具有一定的增强作用,两岩体的抗剪强度明显增加。金淦等[187]以半煤岩巷道变形的非连续性为背景,建立了数值计算模型,认为煤层处巷道变形最大,针对性地提出了非对称耦合支护方案。罗吉安等[188]以薄煤层回采巷道稳定性研究为背景,研究了巷道在应力分布、变形特征上与完整岩层巷道的区别,通过引入结构面粗糙度系数(JCR),定量描述了巷道结构面的变形特征。王猛等[189]研究了界面参数对半煤岩巷道变形特征的影响,提出了以穿层锚杆(索)为核心的关键支护技术,该技术取得了良好的应用效果。

综合以上文献调研可以发现:国内外在对高应力条件下完整岩层巷道围岩变形破坏机理以及评判岩石强度理论方面的研究比较成熟,在巷道围岩支护过程中,针对不同条件的巷道围岩针对性地提出了许多成熟的支护理论,并且在实践方面也取得很多有益成果,解决了很多现场实际问题。但是,对于高应力影响下含有层理面巷道的不均匀、大变形机理研究相对落后,与之相应的支护技术仍处于探索阶段。在实践中用完整岩层巷道的支护技术去解决含弱层理巷道的大变形问题,结果往往达不到预期效果。因此,深入系统地研究含层理面巷道的变形机理及其控制方法具有十分重要的意义。

1.3 主要研究内容

本书针对高应力下巷道含层理围岩的支护难题,以煤岩组合体试验和理论分析为基础,对含弱层理面巷道变形机理及控制方法进行研究,阐明了巷道变形随埋深、煤与顶板层间的黏结强度、界面位置、围岩岩性及巷道受力环境等关键参数改变的影响规律,揭示了高应力条件下巷道变形机理,并提出了以“帮顶一体,控让结合”为核心的变形控制技术理念,主要研究内容如下。

(1) 煤岩组合体应力和变形特征及煤岩体相互作用的能量转化分析

采用试验的手段,通过研究煤岩高度比、围岩压力对煤岩组合体峰值强度、峰后残余强度、变形破坏特征的影响,结合煤岩组合体试验及小尺寸煤岩试样的试验结果,分析了煤岩组合体的塑性变形特征及煤体和岩体之间的能量转化规律,为力学及数值计算模型的建立提供基础依据。

(2) 煤岩组合体损伤演化非线性模型理论分析

基于损伤力学、塑形力学,建立弹性体与损伤体以及损伤体与损伤体结合的单体、两体损伤非线性模型,对煤岩组合体加载过程的应变软化行为进行描述,给出了模型参数的求解方法。结合力学分析模型研究了岩石和煤体弹性模量、泊松比、黏聚力等力学参数对煤岩组合体强度及变形特性的影响规律。在力学模型的基础上得到损伤体的三维差分形式,并在数值模拟软件中进行二次开发。

(3) 高应力含层理巷道围岩变形机理及控制关键因素分析

依据自定义损伤本构模型,研究有无界面、煤岩界面位置、界面强度、围岩岩性以及巷道侧向压力系数等因素对巷道围岩变形的影响,进一步揭示了巷道变形控制的关键因素,并在此基础上,得到高应力含弱层理面巷道围岩支护优化设计思路。

(4) 考虑"帮顶一体,控让结合"的巷道围岩变形控制物理模拟试验

运用自主设计的巷道灾害模型控制试验系统对巷道围岩变形规律及稳定性控制进行物理模拟试验。通过对巷道的两帮移近变形特点、顶底板运移规律以及巷道围岩压力分布的分析,研究"帮顶一体,控让结合"的支护系统对巷道围岩变形的控制作用,为高应力含层理巷道围岩变形控制关键参数优化及支护设计提供依据和指导。

(5) 高应力含层理面巷道围岩变形控制工业性试验

根据现场巷道变形地质雷达与钻孔窥视实测的对比分析,以本书提出的关键控制参数为依据,对"帮顶一体,控让结合"的新型支护方式进行现场实践。通过技术方案的现场实施和相关指标的监测,对巷道围岩变形控制效果进行合理评价,同时验证了本书研究成果的合理性和实用性。

1.4 研究技术路线

本书综合运用实验室试验、理论分析、数值模拟和现场实施监测等手段,对影响含层理面的巷道围岩变形机理的因素及控制问题进行了深入研究,研究的技术路线如图 1-5 所示。

1.5 主要创新点

本书的主要创新点如下:

(1) 采用试验的手段,研究了不同高度比、围岩压力条件下,煤岩组合体峰值强度、峰后残余强度、塑性变形特征以及煤体和岩体之间的能量转化规律,得到煤体和岩体变形不协调、变形量大的影响因素。

(2) 构建了考虑损伤阈值的煤岩组合体的应变软化损伤非线性模型,讨论了模型参数对煤岩组合体变形的影响规律。推导了损伤体本构模型的三维差分形式,并基于 Visual C++平台成功实现了模型在 FLAC3D 软件中的二次开发。

(3) 采用自定义和莫尔-库仑两种本构模型,模拟研究了有无界面、巷道埋深、界面刚度、界面位置、围岩岩性以及巷道围岩应力环境对有界面巷道围岩应

力、变形以及塑性区发育的影响，揭示了有界面巷道围岩渐进失稳机制。

(4) 根据巷道变形特点，提出了“帮顶一体，控让结合”的支护方案，并在现场成功实施，从现场试验的角度验证控制原则的合理性。

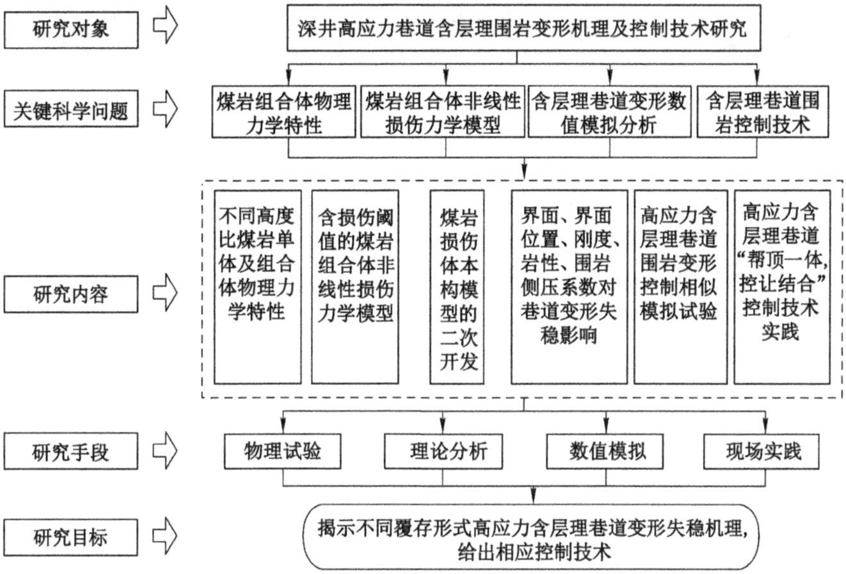

图 1-5 研究的技术路线

第2章 巷道围岩力学特性试验研究

与布置在完整岩层中巷道不同的是，含层理巷道中煤的强度一般低于顶板岩石，在围岩应力作用下，煤体先达到峰值应力，呈现出塑性变形特征，并逐渐向巷道煤柱深部扩展。在巷道中，煤体的变形大于岩体，因此会呈现出非连续的大变形现象。而帮部煤体及其上方的顶板岩体之间黏结强度较弱，无法对煤体进行有效的横向约束，巷道帮部煤体也会沿层理面滑移变形。以往专家学者多以单煤体试样进行单轴压缩、常规三轴压缩试验，以揭示此类巷道围岩的强度和变形特征，但结果往往与现场实际有较大偏差，存在一定的局限性。

因此，本章将煤和岩石按照不同高度比组合为标准试样，研究了顶板岩体和煤体及两者组合体之间物理力学特性差异，给出了不同组合高度比、围岩压力与煤岩组合体物理力学参数之间的关系，并通过试验分析了煤体和岩体之间能量互传规律。试验结果为应力-应变非线性关系和数值模型的建立及巷道变形控制方案设计提供基础数据。

2.1 试验方案设计

2.1.1 试样准备

煤岩组合体的煤样和岩样取自漳村煤矿25采区工作面直接顶及所采3#煤层。试样在运输过程中加保鲜膜封存，以减少水分流失、降低风化程度，及时运回实验室取芯加工。煤样和岩样被加工成不同高度的试样，加工精度满足测试方法需求，加工完成后，去除有明显天然裂隙的岩样，然后用RSM-SY5(N)型数字式智能超声波仪检测并挑选出岩石内部完整性、均匀性较好的岩样，如图2-1(a)所示。由于煤在形成过程中经历长时期的高温、高压作用，在开采或者沿顶板巷道掘进时发现，煤层与直接顶并非单纯的无黏结自由模式。因此，试验中选用黏性适中的白乳胶作为黏合剂[图2-1(b)]，将煤岩组合体黏结起来。黏合剂要尽量涂薄并且保证涂抹的均匀性，如图2-1(c)所示。静置2 h，待试样黏结完成，对煤岩组合体试样编号、称重，如果2-1(d)所示。编号按照以下原则进行，如编号 RCB-1-3-1，编号“R”代表 rock，“C”代表 coal，“B”代表煤岩组合体之间是 bound 的形式，“1-3”代表岩石和煤体的高度比为 1∶3，最后的“1”代表该组的 1# 试样。

(a) 煤岩试样

(b) 白乳胶黏合剂

(c) 界面涂抹黏合剂

(d) 试样黏结完成后编号及称重

图 2-1　煤岩组合体黏结过程

煤岩组合体试样尺寸按照国际岩石力学学会试样标准尺寸执行，煤岩组合体试样总高度为 100 mm、直径为 50 mm。试验之前对组合体中煤体和岩体各自的以及组合后整体的直径、高度、质量进行测量。煤体试样、岩体试样和煤岩组合体试样的密度为试样质量与试样体积的比值，计算公式如下：

$$\rho = \frac{m_r + m_c}{A_t H_t} \tag{2-1}$$

式中　ρ——试样的密度，g/cm^3；

m_r，m_c——岩石和煤块的质量，g；

A_t——试样的平均截面积，cm^2；

H_t——试样的总高度(煤体试样与岩体试样黏结叠加后的高度和，$H_t \neq H_r + H_c$)，cm。

煤岩组合体分组及基本参数见表 2-1。

表 2-1 煤岩组合体分组及基本参数

试样编号	直径/mm		高度/mm			质量/g		围岩压力/MPa	密度 ρ/(g/cm³)
	D_r	D_c	H_r	H_c	H_t	m_r	m_c		
Rock	50.09		100.79			544.75		0	2.744
	50.16		101.83			547.25		5	2.720
	50.18		101.88			541.45		10	2.688
Coal		50.06		100.60			275.25	0	1.390
		50.05		102.07			277.30	5	1.381
		50.15		102.56			280.40	10	1.384
RCB-2-1	50.12	50.09	66.81	33.99	100.99	90.25	360.10	0	2.254
	50.11	50.14	66.90	34.46	101.65	92.03	360.47	5	2.256
	50.02	50.14	66.82	34.01	101.07	89.53	356.67	10	2.241
RCB-1-1	50.14	50.19	49.90	51.63	101.65	133.45	265.50	0	1.985
	50.14	50.13	49.99	51.16	101.34	132.63	265.13	5	1.988
	49.95	50.16	51.71	49.76	101.86	136.53	256.60	10	1.962
RCB-1-2	50.03	50.12	34.58	65.93	100.7	175.10	181.65	0	1.803
	50.03	50.06	34.44	66.00	100.61	176.50	180.57	5	1.804
	50.04	50.09	34.22	65.87	100.31	178.23	181.67	10	1.822
RCB-1-3	49.91	50.07	25.55	75.73	101.41	200.30	130.05	0	1.659
	49.91	50.07	25.55	75.73	101.49	200.30	130.05	5	1.659
	50.12	50.12	24.88	76.94	102.2	205.00	135.25	10	1.688

注：D_r 和 D_c 分别表示岩石和煤块的直径，H_r 和 H_c 分别表示岩石和煤块的高度。

经过计算，煤体的平均密度为 1.383 g/cm³，岩体的平均密度为 2.704 g/cm³，煤岩组合体的平均密度介于煤体和岩体之间。

2.1.2 试验步骤

试验分为煤体、岩体和煤岩组合体单轴压缩试验以及常规三轴压缩试验，包含 4 组不同高度比的煤岩组合体，常规三轴压缩试验每组 6 个试样，选取围压强度为 5 MPa 和 10 MPa，单轴压缩试验每组 5 个试样。试验结果去除有较大差异的试样数据，其余组求解平均值。试验在 MTS815.02 电液伺服岩石力学试验系统(图 2-2)上完成。

为了降低常规三轴压缩试验压头对试样端部的摩擦效应，使用凡士林和硬脂酸混合物减弱试样两端头的摩擦效应，常规三轴加载时的试验步骤如下。

图 2-2　MTS815.02 电液伺服岩石力学试验系统

步骤一：在试样两端面涂抹凡士林和硬脂酸混合物，先用热缩膜将试样包裹一层，将包裹好的试样放置在垫片上，然后用热缩膜包裹两层，用胶带将垫片与试样结合处缠紧，再用 20# 乙丙自黏带整体均匀地缠绕一圈，防止加载围压油液渗入。

步骤二：将试样放置在实验台正中，采用力控制模式，预加载 1 kN 的力固定试样。

步骤三：安装环向引伸计，并落下围压增压室。

步骤四：加载围岩压力，围岩压力加载速率为 0.1 MPa/min，加载至预定围岩压力。

步骤五：加载轴向压力，采用位移控制模式，速率为 0.003 mm/s，直至试样破坏。

常规三轴压缩试验加载的应力路径如图 2-3 所示。

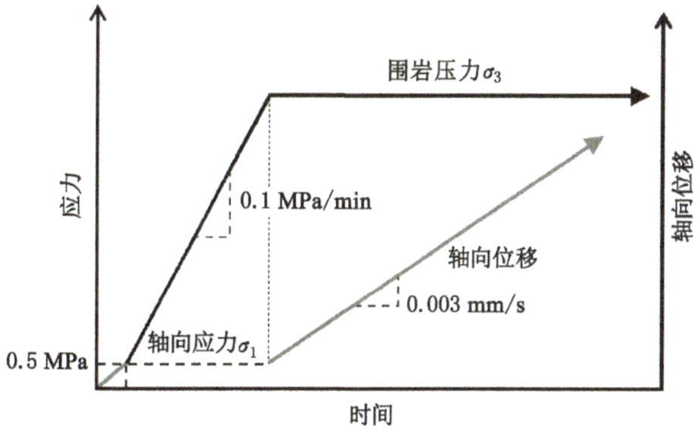

图 2-3　常规三轴压缩试验加载的应力路径

2.2 煤岩组合体试验结果

2.2.1 煤岩组合体应力-应变特征

对纯煤和纯岩试样分别进行单轴压缩及围岩压力为 5 MPa 和 10 MPa 的常规三轴压缩试验，试样的应力-应变曲线如图 2-4 和图 2-5 所示，图中 ε_1 代表轴向应变，ε_3 代表环向应变，ε_v 代表体积应变。

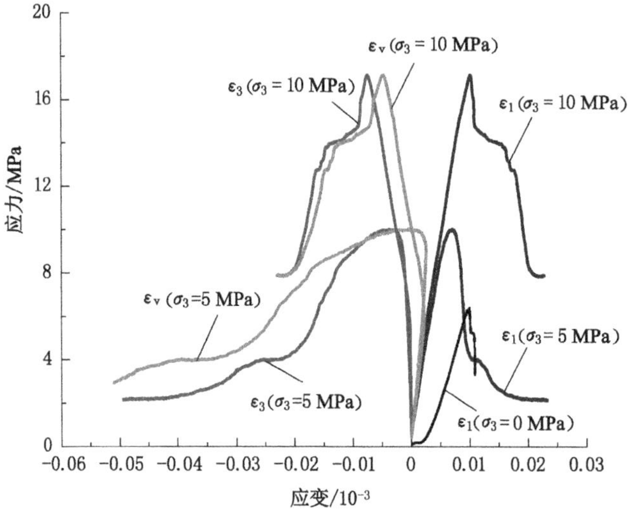

图 2-4 纯煤试样不同围压的应力-应变曲线

纯煤试样不同围岩的应力-应变曲线如图 2-4 所示。在单轴压缩条件下，纯煤试样的抗压强度为 6.38 MPa，煤和岩石应力-应变曲线有上凹的趋势，说明煤和岩石有明显的裂隙压密阶段，压力过峰值应力之后快速跌落，峰后的残余强度几乎为零。在 5 MPa 围岩压力下，纯煤试样的峰值应力为 10.03 MPa；在 10 MPa 围岩压力下，纯煤试样的峰值应力为 17.12 MPa。这说明加载围岩压力后，由于煤体的强度低，在围岩压力的加载过程中，几乎没有裂隙压密阶段。

纯岩试样不同围压的应力-应变曲线如图 2-5 所示。在单轴压缩条件下，纯岩试样的单轴抗压强度为 53.32 MPa；在围岩压力为 5 MPa 时，纯岩试样的峰值应力为 66.2 MPa；在围岩压力为 10 MPa 时，纯岩试样的峰值应力为 90.94 MPa。单轴压缩条件下岩石应力应变关系同样有上凹的趋势，说明岩石有明显的裂隙压密阶段。加载围岩压力后，岩石由于峰值强度高，裂隙压密阶段仍存在，上凹趋势随着围岩压力升高而减小；煤体和岩体存在明显的峰后软化阶段，应变急速增加，应力减小，出现了延性破坏的特征。

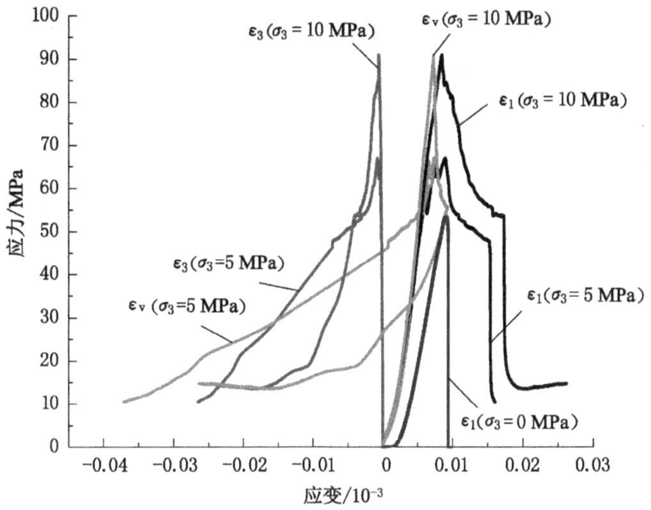

图 2-5 纯岩试样不同围压的应力-应变曲线

煤岩组合体单轴加载(σ_3 =0 MPa)的应力-应变关系曲线如图 2-6 所示。

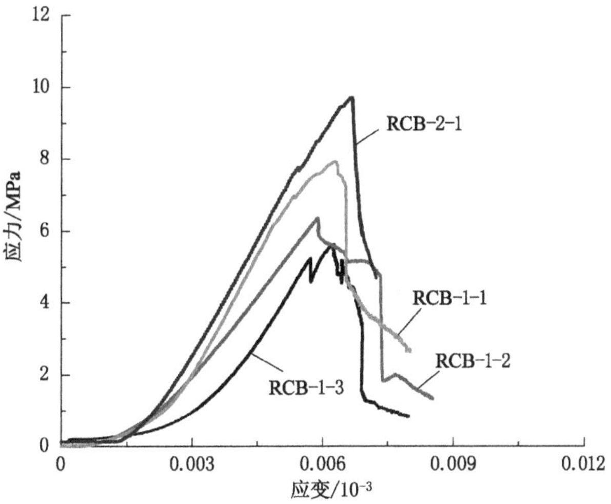

图 2-6 煤岩组合体单轴加载(σ_3 =0 MPa)的应力-应变关系曲线

从图 2-6 中可以看出：单轴加载条件下，煤岩组合体的应力-应变曲线可以分为：

（1）孔隙压密阶段：煤岩组合体中的裂隙和煤岩之间的缝隙都被压缩闭合，因为煤岩界面以及试样内部天然裂隙等的存在，使煤岩组合体初始加载阶段应变增长速度较快、应力增加速度较慢，所以此阶段曲线呈上凹的趋势。

（2）弹性阶段：煤岩组合体内部裂隙闭合，应力和应变呈线性关系。

（3）屈服阶段：当组合体应力达到屈服载荷时，内部裂隙萌生，裂隙扩展。

（4）卸载阶段：煤岩组合体内部裂隙贯通，应力出现突然下跌的现象。

对不同组合的煤岩组合体进行分类，引入系数值 δ 表示煤岩组合体中煤体高度占煤岩组合体高度的百分比，表达式如下：

$$\delta = \frac{h_{\mathrm{ci}}}{h_{\mathrm{M}}} \tag{2-2}$$

式中 h_{ci}——煤岩组合体中煤体高度；

h_{M}——煤岩组合体高度。

如图 2-7 所示，采用常规三轴加载对煤岩组合体预加载 5 MPa 和 10 MPa 围岩压力，使煤岩组合体的压密阶段不明显，但是两种压力情况下都有明显的弹性阶段、屈服阶段及峰后软化阶段。围岩压力为 5 MPa 时，随着 δ 值升高，煤岩组合体的峰值应力从 17.95 MPa 下降到 10.9 MPa，峰值应变的变化在 0.005～0.006 32 之间，变化趋势较小；对应 δ＝0.33、0.5、0.67、0.75 时，煤岩组合体的峰值强度分别为 17.92 MPa、16.02 MPa、13.33 MPa、10.9 MPa。围岩压力为 10 MPa 时，随着 δ 值升高，煤岩组合体的峰值应力从 33.92 MPa 下降到 18.71 MPa，峰值应变的变化在 0.007 7～0.009 1 之间；对应 δ＝0.33、0.50、

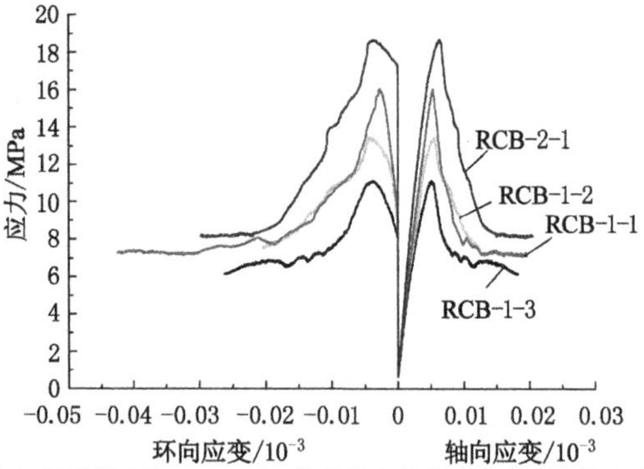

（a）围岩压力为5 MPa时，煤岩组合体的环向应变和轴向应变

图 2-7 煤岩组合体轴向应力-应变关系曲线

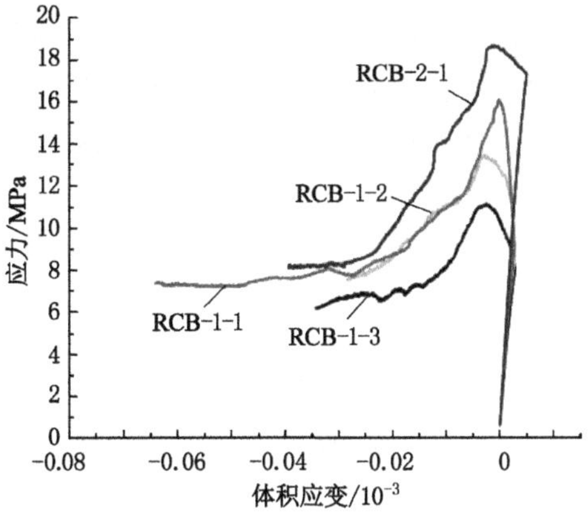

(b) 围岩压力为5 MPa时，煤岩组合体的体积应变

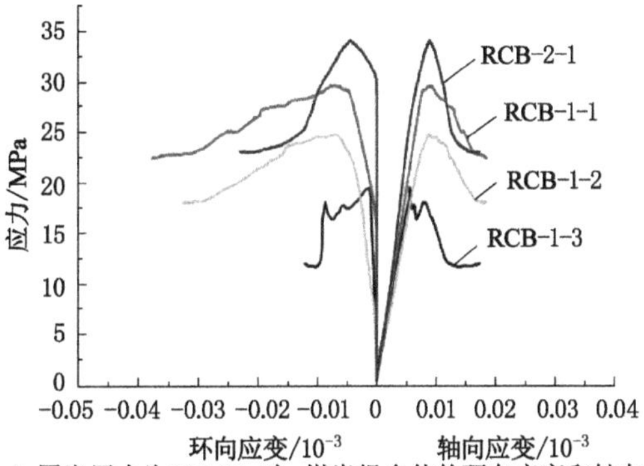

(c) 围岩压力为10 MPa时，煤岩组合体的环向应变和轴向应变

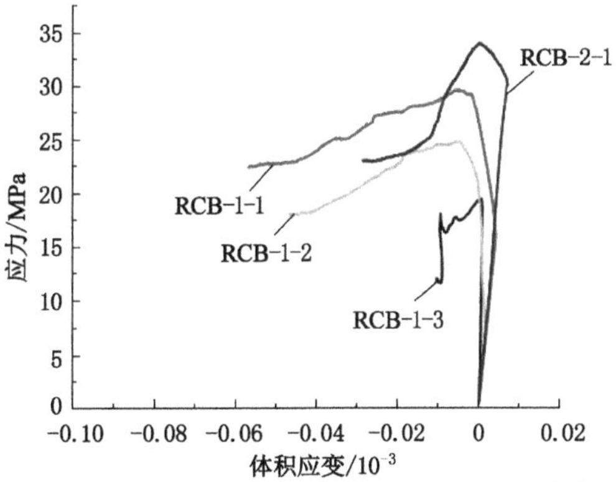

(d) 围岩压力为10 MPa时，煤岩组合体的体积应变

图 2-7(续)

0.67、0.75 时，煤岩组合体的峰值强度分别为 33.92 MPa、29.51 MPa、24.57 MPa、18.71 MPa。如图 2-7(a)、(c)所示，RCB-1-3 的峰值应力最低，RCB-2-1 的峰值应力最高。增大围岩压力对煤岩组合体的强度影响明显，峰值应力和峰后残余强度值都有明显的升高。不同高度比的煤岩组合体强度升高，其峰后的应力跌落速率也相应增加。

对应试样的峰值应力、轴向应变、弹性模量、环向应变及体积应变见表 2-2，单轴试验只统计轴向应变。

表 2-2　煤岩单体及煤岩组合体试验结果

试样编号	δ	围岩压力 /MPa	弹性模量 /GPa	峰值应力 /MPa	残余强度 /MPa	轴向应变 /10^{-3}	环向应变 /10^{-3}	体积应变 /10^{-3}
Rock	0	0	6.88	53.32	0.85	9.04		
		5	7.70	66.20	6.32	8.93	−0.79	7.35
		10	9.11	90.93	14.71	8.44	−0.59	7.26
RCB-1-3	0.75	0	1.44	5.61	0.75	6.22		
		5	3.37	10.90	6.51	5.06	−3.74	−2.42
		10	3.74	18.71	12.09	7.79	−8.64	−9.49
RCB-1-2	0.67	0	1.54	6.36	1.23	5.89		
		5	3.38	13.33	7.02	5.55	−4.35	−3.15
		10	3.52	24.57	18.08	8.83	−7.14	−5.45
RCB-1-1	0.50	0	2.48	7.93	1.95	6.27		
		5	3.58	16.02	7.20	5.28	−2.67	−0.06
		10	3.89	29.51	22.70	9.05	−7.10	−5.15
RCB-2-1	0.33	0	2.19	9.72	1.21	6.68		
		5	4.48	17.92	8.13	6.32	−3.90	−1.48
		10	4.63	33.92	23.32	8.92	−6.41	−3.90
Coal	1	0	1.22	6.38	1.80	7.98		
		5	2.07	10.03	2.21	6.88	−3.33	0.22
		10	2.29	17.10	7.85	9.39	−7.58	−5.77

如图 2-8(a)所示，煤岩组合体的峰值应力随围岩压力的增大而增大；相同围岩压力下，δ=0.33 时的煤岩组合体的峰值应力最大，强度随 δ 值的增加呈现减小的趋势，δ=0.75 时，峰值应力最小，煤岩单体和煤岩组合体的峰值应力都随着围岩压力增大而增大。图 2-8(b)为煤岩单体和煤岩组合体的峰值应力随围

岩压力增大的变化量，由图可以看出，0～5 MPa 作用下的峰值应力增长量较小，5～10 MPa 的峰值应力增长量较大；相同 δ 值时，如 $\delta=0.33$ 时，峰值应力随围岩压力的变化最大。在煤岩组合体中，δ 值越大煤岩组合体强度就越小，当 $\delta=0.33$ 时，煤岩组合体的强度达到最高强度值，当围岩压力升高时，强度的增量也较大。

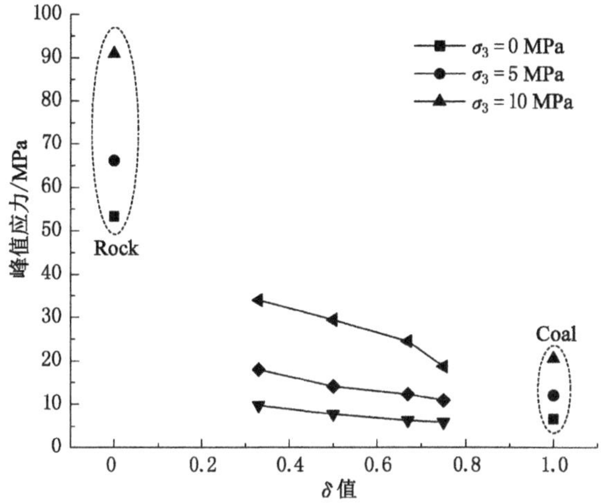

(a) 峰值应力随 δ 值的变化

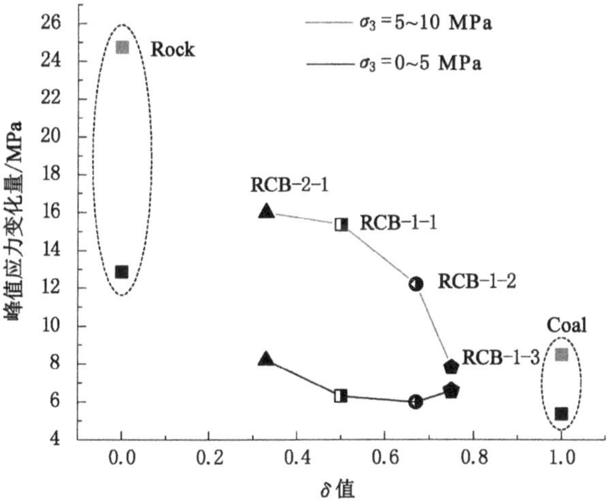

(b) 围岩压力为0~5 MPa、5~10 MPa时的峰值应力变化量

图 2-8　不同围岩压力下煤岩组合体峰值应力及峰值应力变化量与 δ 值的关系

当岩样直径相同时，随着高度尺寸的增大，岩样强度逐渐减小，最后趋于不

变，因此可以得知，当 δ 逐渐减小时，煤岩组合体中煤体强度逐渐增加，煤岩组合体达到峰值时的强度就越大，出现如图 2-8 所示的结果，证明试验结果是合理的。

单轴状态下的煤岩组合体，由于起始阶段压密煤岩界面的过程，轴向应变偏大，因此统计轴向应变时，实际煤岩组合体轴向应变应去除压缩煤岩组合体界面的应变，计算公式如下：

$$\varepsilon_1' = \varepsilon_1 - \frac{H_t - H_c - H_r}{H_t} \tag{2-3}$$

式中　ε_1'——煤岩组合体实际轴向应变；

ε_1——试验得到的轴向应变；

H_t——包含界面的煤岩组合体高度；

H_r——组合体中岩样的高度；

H_c——组合体中煤样的高度。

测量的高度值已统计在表 2-1 中。

从图 2-9 中可以看出：岩样的峰值应变在围岩压力为 0 MPa 时最大；煤样的峰值应变在 0 MPa 和 5 MPa 的围岩压力下变化不大，当围岩压力达到 10 MPa 时，峰值应变值增加幅度较大。煤岩单体峰值应变的差异是由于各自的强度导致的，岩样单轴峰值应力超过 50 MPa，在 10 MPa 的围岩压力下，岩样的延性特征不明显，相反煤体有较好的延性。随着 δ 值的增大，煤岩组合体的峰值应变基本呈减小的趋势，在 δ 为 0.33 时最大；由于 δ 为 0.75 时煤岩组合体应力值最小，但是由于煤体高度占比最大，因此峰值应变并非最小。当围岩压力为 0 MPa 和 5 MPa 时，煤岩组合体的峰值应变变化范围不大；当围岩压力从 5 MPa 升高至 10 MPa，峰值应变增长较多，说明在 10 MPa 的围岩压力下，煤岩组合体表现出较明显的延性特征。

不同围岩压力下，煤岩组合体的弹性模量随 δ 值的变化情况如图 2-10 所示，从图中可以看出：围岩压力不同时，煤岩组合体的弹性模量随着围岩压力的升高而增大，与围岩压力呈正相关关系；相同围岩压力下，煤岩组合体的弹性模量随 δ 值的增大呈下降趋势，当 δ 值大于 0.67 时，下降趋势减缓，煤的弹性模量值最小，岩石的弹性模量值最大。

岩石的强度折减系数可以表征岩石的脆性程度，根据彭俊等[190]提出的强度折减系数计算公式[式(2-4)]，计算煤岩组合体的脆性指标。

$$D_s = \frac{\sigma_p - \sigma_r}{\sigma_p} \tag{2-4}$$

式中　D_s——煤岩组合体的强度折减系数；

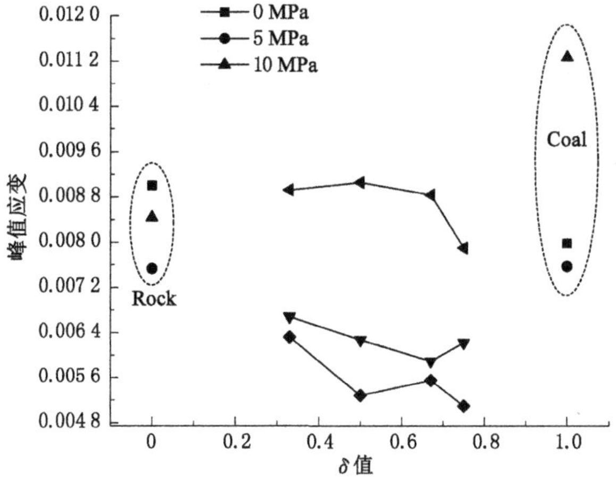

图 2-9　不同围岩压力下煤岩组合体峰值应变与 δ 值的关系

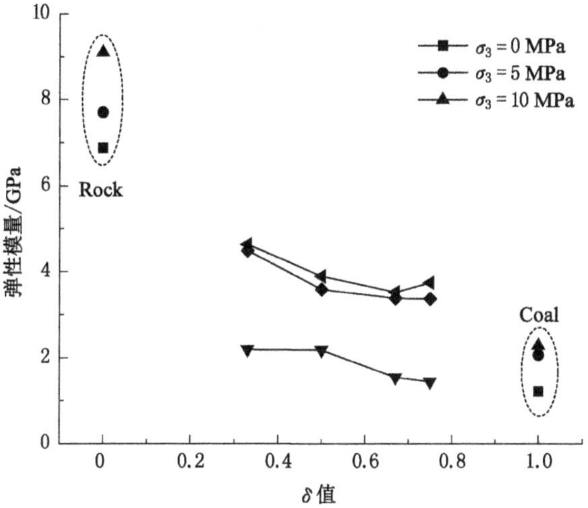

图 2-10　不同围岩压力下煤岩组合体弹性模量与 δ 值的关系

σ_p——煤岩组合体的峰值应力；

σ_r——煤岩组合体的残余强度。

具体数值已经在表 2-2 中列出。

计算得到煤岩组合体的强度折减系数与 δ 值和所加载围岩压力之间的关系如图 2-11 所示。

从图 2-11(a)中可以看出：当围岩压力为 0 MPa 时，所有试样的 D_s 值大于

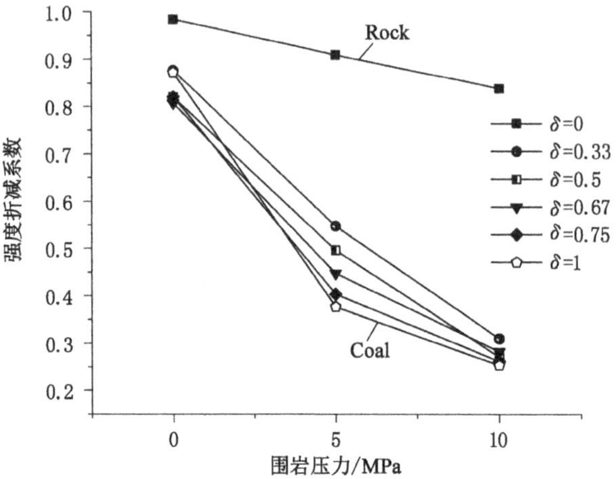

(a) 强度折减系数随围岩压力变化曲线

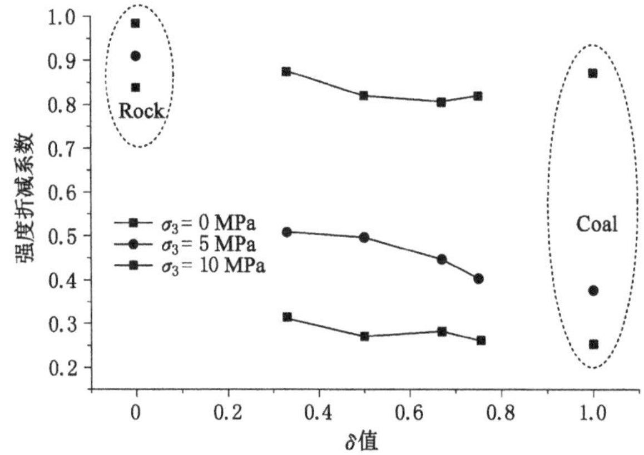

(b) 强度折减系数随着δ值的变化曲线

图 2-11　煤岩组合体强度折减系数变化趋势

0.8，脆性特征明显，岩样的 D_s 值为 1；当围岩压力达到 10 MPa 时，煤岩组合体和煤样的 D_s 值小于 0.35，呈现出较好的延性特征；随着围岩压力的增大，试样的 D_s 值都呈近似线性减小趋势；岩样脆性程度较大，D_s 值都在 0.8 以上，煤样及煤岩组合体在围岩压力作用下，脆性程度较小；当围岩压力从 0 MPa 升高至 5 MPa 时，D_s 值的下降幅度较围岩压力从 5 MPa 升高至 10 MPa 时大，说明煤岩组合体在围岩压力升高过程中由脆性向延性转化较快，在低围岩压力时呈现较好的延性特征。

从图 2-11(b)中可以看出：在单轴压缩条件下，煤岩组合体的强度折减系数

随 δ 值的增大呈先减小后逐渐趋于平缓的趋势。当围岩压力达到 5 MPa 时，强度折减系数整体呈减小趋势；当围岩压力达到 10 MPa 时，强度折减系数呈近似水平趋势。以强度折减系数 $D_s=0.5$ 表示岩石脆性和延性的分界值，则 10 MPa 围岩压力下的煤岩组合体都呈现延性特征，在 5 MPa 围岩压力下、δ 值大于 0.33 时同样呈现延性特征。

2.2.2 煤岩组合体变形失效特征

由于在常规三轴压缩试验之前对煤岩组合体和煤岩单体进行密封，因此加载完成后要将试样完整地剥离出来，特别对于受压易碎的含煤试样。单轴压缩条件下纯煤岩试样和煤岩组合体的变形特征如图 2-12 所示。

(a) 纯煤岩试样　　(b) 煤岩组合体（δ=0.33，0.5，0.67，0.75）

图 2-12　单轴压缩条件下纯煤岩试样和煤岩组合体的变形特征

图 2-12(a)为纯煤岩试样在单轴压缩试验时的变形特征，煤体和岩体在单轴压缩时，表面出现多条宏观裂纹，宏观裂纹以竖向的张拉裂纹为主，并伴有少量的剪切裂纹，说明煤体和岩体在单轴压缩情况下主要以张拉破坏为主。

图 2-12(b)为煤岩组合体在单轴压缩试验时的变形特征。在单轴加载情况下，$\delta=0.33$ 的煤岩组合体破坏主要为煤体纵向张拉破裂，并伴有多条裂隙，上方岩石部分较完整，无明显破裂现象；$\delta=0.5$ 的煤岩组合体破坏主要为煤体纵向张拉破裂，在煤体中部有一条宏观主破裂面，破裂角接近垂直方向，上方岩石部分较完整，无明显破裂现象；$\delta=0.67$ 的煤岩组合体破坏主要为煤体张拉破坏，煤体的中部有一条主破裂面，破碎程度较 $\delta=0.5$ 时小，上方岩石部分较完整，无明显破裂现象；$\delta=0.75$ 的煤岩组合体破坏主要为煤体张拉破坏，煤体破碎，呈现多条张拉劈裂裂纹，靠近岩石部分较完整，上方岩石无明显破裂现象。

如图 2-13 所示，围岩压力为 5 MPa 时，纯煤试样的破裂形态为斜向剪切破坏，破裂面与试样轴向的夹角平均为 34.8°，纯岩试样的破裂形态主要偏向张拉破坏，破裂面与试样轴向的夹角较小，平均为12.3°，且在5 MPa围岩压力下岩石破坏伴随有多条纵向裂纹，接近单轴压缩的破坏形式。围岩压力为10 MPa时，纯煤试样的破裂面与轴向的夹角变大，平均为50.3°，岩石的破断角度为33.5°。

(a) 纯煤试样(5 MPa和10 MPa围岩压力)　　(b) 纯岩试样(5 MPa和10 MPa围岩压力)

图2-13　纯煤和纯岩试样不同围岩压力下的变形特征

图2-14(a)为$\delta=0.33$时煤岩组合体不同围岩压力下的变形特征。当围岩压力为5 MPa时，煤岩组合体破坏主要为剪切破坏，破裂面与试样轴向的夹角为28.6°，上方岩石部分完整；当围岩压力为10 MPa时，破裂面与试样轴向的夹角为30.2°，上方岩石部分出现裂纹，裂纹形式为斜向劈裂的剪切破坏，出现的原因是当围岩压力为10 MPa时，煤岩组合体强度较高，在高应力及高围岩压力情况下的突然卸压，导致岩石部分沿着煤体的破裂面产生破裂。

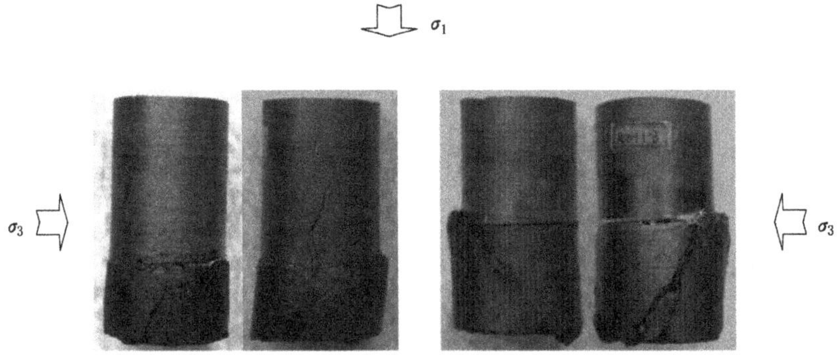

(a) $\delta=0.33$(5 MPa和10 MPa围岩压力)　　(b) $\delta=0.5$(5 MPa和10 MPa围岩压力)

图2-14　δ为0.33,0.5时煤岩组合体不同围岩压力下的变形特征

图 2-14(b)为 $\delta=0.5$ 时煤岩组合体不同围岩压力下的变形特征。当围岩压力为 5 MPa 时，煤岩组合体破坏主要为剪切破坏，破裂面与试样轴向的夹角为 31.2°，岩石部分完整；当围岩压力为 10 MPa 时，破裂面与试样轴向的夹角为 39.2°，两种围岩压力下的试样下方煤体沿着破裂面挤出，说明试样在破坏后，沿着剪切面滑移为产生横向变形的主要影响因素。

图 2-15(a)为 $\delta=0.67$ 时煤岩组合体不同围岩压力下的变形特征。当围岩压力为 5 MPa 时，煤岩组合体破坏主要为单条裂纹的剪切破坏，破裂面与试样轴向的夹角为 37.2°，岩石部分完整；当围岩压力为 10 MPa 时，破裂面与试样轴向的夹角平均为 44.6°。

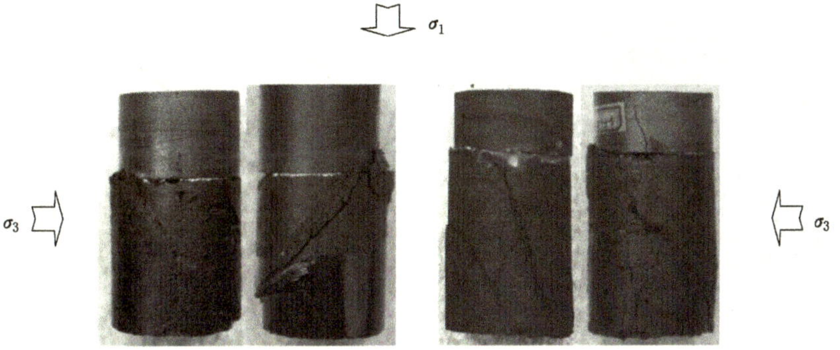

(a) δ=0.67(5 MPa和10 MPa围岩压力)　　(b) δ=0.75(5 MPa和10 MPa围岩压力)

图 2-15　δ 为 0.67,0.75 时煤岩组合体不同围岩压力下的变形特征

图 2-15(b)为 $\delta=0.75$ 时煤岩组合体不同围岩压力下的变形特征。当围岩压力为 5 MPa 时，煤岩组合体破坏出现双剪切裂纹破坏，破裂面与试样轴向的夹角平均为 34.2°，岩石部分完整；当围岩压力为 10 MPa 时，破裂面与试样轴向的夹角平均为 42.3°。

2.3　煤岩组合体塑性变形特征

从上述煤岩组合体的应力-应变特征和变形破坏特征可以看出，煤岩组合体的失效破坏实际上是组合体中煤的剪切、失稳破坏造成的，岩石段保持完整。煤岩组合体的弹性模量、峰值应力及应变要大于纯煤试样，其破坏角与纯煤试样也有一定差别。Guo、Tan 等[137,191]进行了煤岩组合体的单轴试验，认为煤岩组合体的非线性特征实际上体现的是煤体的非线性特征，除了与煤岩组合体的高度相关，还与岩石的岩性及组合形式相关。

煤岩组合体峰后阶段包含应变软化阶段和强度残余阶段。在应变软化阶段,随着变形增加,组合体的应力以一定速率降低,达到残余强度值时,应力基本保持不变,应变持续增加,煤岩组合体体积变形速率增加。煤岩组合体内部塑性变形时,由裂隙闭合转为新的裂隙萌生、扩展及贯通,进而形成宏观裂隙,造成煤岩组合体强度降低,压力卸载后内部裂隙变形不可恢复,发生不可逆转的塑性变形。在强度残余阶段,煤体内的宏观裂隙形成,煤岩组合体变形的主要原因是破裂面两侧煤体之间滑动摩擦,变形属于煤体中两个块体之间的结构效应。其中一组煤岩组合体的剪切变形特征及相应的剪切变形图解如图 2-16 所示。

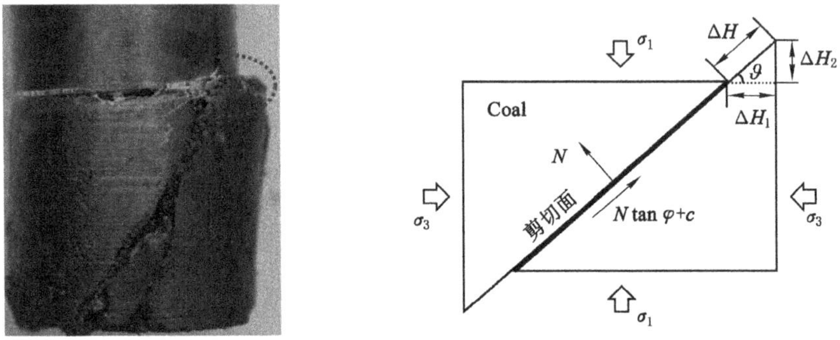

(a) 煤岩组合体剪切变形特征　　(b) 剪切变形图解

图 2-16　煤岩组合体剪切变形特征

从图 2-16(a)中可以看出,达到峰后阶段后,煤岩组合体中的煤体出现剪切破裂面,煤岩组合体中岩体和煤体的横向变形差异主要是由峰后阶段煤体出现剪切变形引起的,煤体的横向变形远大于岩体,剪切面下部煤体沿着剪切面错动。由于剪切面下部煤体与煤岩界面接触面小,此部分煤体沿煤岩体界面产生横向滑移、挤出,剪切面上部煤体与岩体几乎无错动。根据岩土体塑性力学理论,可将煤岩组合体视为摩擦性材料。此时只考虑煤岩组合体宏观剪切面形成后,由摩擦剪胀效应造成的变形,则可以得到:

$$\Delta H_1 = \Delta H\cos\vartheta \tag{2-5}$$

$$\Delta H_2 = \Delta H\sin\vartheta \tag{2-6}$$

$$\varepsilon_{c1}' = \frac{\Delta H_2}{h_c} = \frac{\Delta H}{h_c}\sin\vartheta \tag{2-7}$$

$$\varepsilon_{c3}' = \frac{\Delta H_1}{D_c} = \frac{\Delta H}{D_c}\cos\vartheta \tag{2-8}$$

式中　ε_{c1}'——剪胀滑移阶段煤岩组合体中的轴向应变;

ε_{c3}'——剪胀滑移阶段煤岩组合体中的横向应变;

ΔH_1——剪胀滑移造成的横向位移；

ΔH_2——剪胀滑移造成的纵向位移；

ϑ——煤岩组合体破坏角，即破裂面与正应力作用面的夹角。

则根据式(2-7)和式(2-8)，煤岩组合体峰后阶段的泊松比计算如式(2-9)所示。

$$\begin{aligned}\nu' &= \frac{\varepsilon'_{c3}}{\varepsilon'_{c1}} = \frac{h_c}{D_c}\cot\vartheta \\ &= \delta\frac{h_t}{D_c}\cot\vartheta \end{aligned} \tag{2-9}$$

式中　ν'——剪胀滑移阶段煤岩组合体中的泊松比。

因此，根据式(2-9)可以得到煤岩组合体峰后阶段的泊松比为定值。煤岩组合体的高度 h_t 和煤体的直径 D_c 可以认为是恒定值，则对于特定 δ 值的煤岩组合体的峰后阶段的泊松比与煤岩组合体的破坏角呈负相关关系。

常规三轴压缩试验过程中，环向引伸计安置于煤岩组合体中的煤体上，测量得到的实际是煤体的环向应变，煤岩组合体中煤的变形破坏特征可以根据环向应变和体积应变与轴向应变之间的关系得出，如图 2-17 所示，图中环向应变压缩为正、膨胀为负，体积应变压缩为正、扩容为负。随着轴向应力的加载，煤岩组合体处于压缩状态，当载荷较小时，煤岩组合体处于弹性阶段，环向应变变化很小，随着加载进行，达到峰后阶段时环向应变逐渐增大。煤岩组合体的体积应变呈现先为正值后为负值的趋势，说明在初期加载时，煤岩组合体内部裂隙逐渐闭合，体积被压缩，然后逐渐形成新的裂隙，随着加载进行，裂隙扩展、贯通，体积以增速率逐渐增大、扩容。峰后阶段煤岩组合体的体积与轴向应变的比值接近于定值，说明在峰后阶段煤岩组合体的泊松比为定值，同式(2-9)的结果一致。相同 δ 值情况下，围岩压力越大，峰后阶段环向应变和体积应变的增加速率越小。

取其中一组 $\delta=0.67$ 时，煤岩组合体的轴向应力、环向应变和体积应变与轴向应变之间的关系曲线进行说明，如图 2-18 所示。初始阶段，煤岩组合体被压缩，体积压缩的极值点为 C 点，C 点之后煤岩组合体的体积由压缩变为逐渐扩容的趋势，说明 C 点为煤岩组合体内部裂隙萌生的起始点，此时新的裂隙重新生成，煤岩组合体由弹性状态转为塑性变形，体积应变与应力-应变曲线的交点 B 点为弹性阶段与塑性阶段的临界点。弹性阶段，煤岩组合体的环向应变几乎为零，到达 A 点后，环向应变开始增加，增加的起点 A 与应力-应变曲线的交点同样为 B 点，说明煤岩组合体产生塑性变形时为环向应变增加的起始点。峰后阶段的环向应变值和体积应变值及变形速率远远大于峰前阶段。达到峰后阶段，

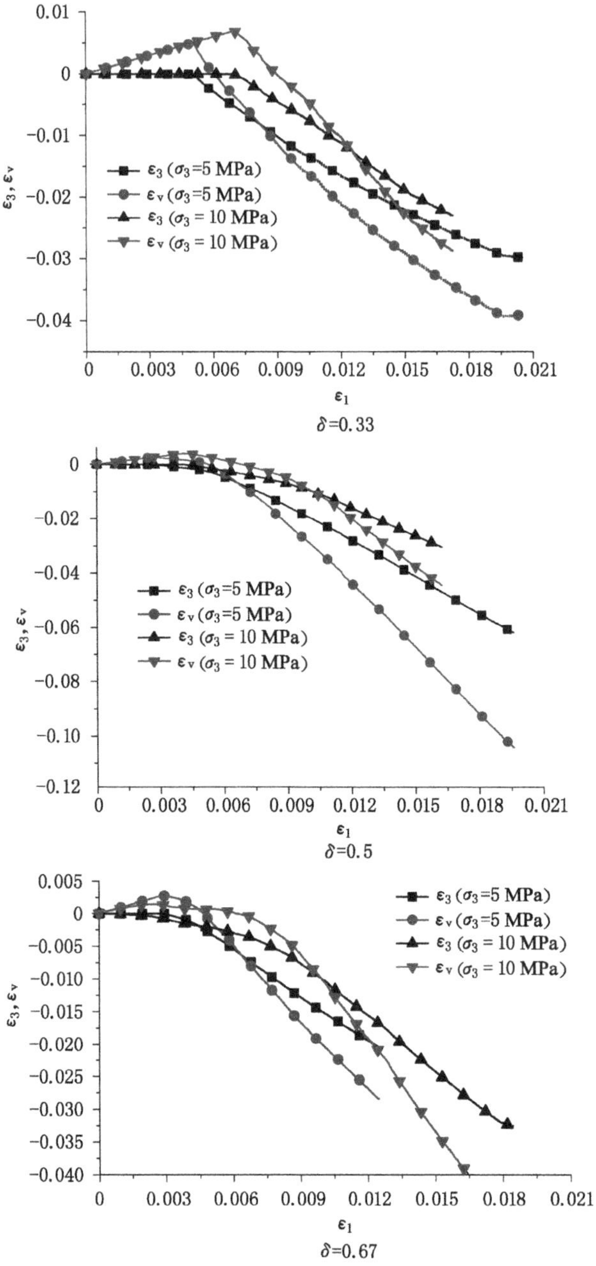

图 2-17　围岩压力为 5 MPa 和 10 MPa 时环向应变和体积应变与轴向应变之间的关系

煤岩组合体中的煤体出现剪切破裂面，煤岩组合体中岩体和煤体的横向变形差异主要是由煤体的剪胀变形引起的，煤体的横向变形远大于岩体。

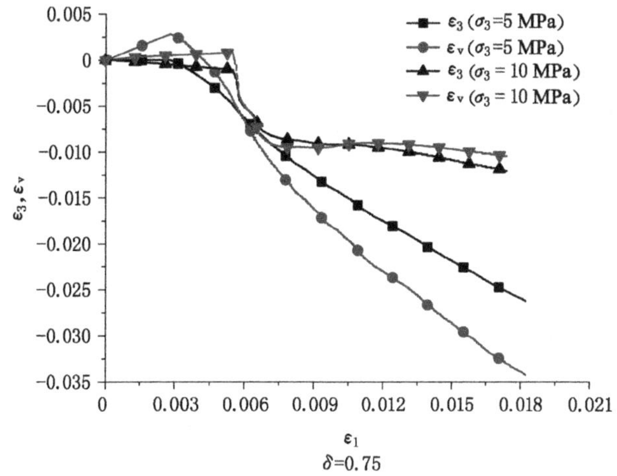

图 2-17(续)

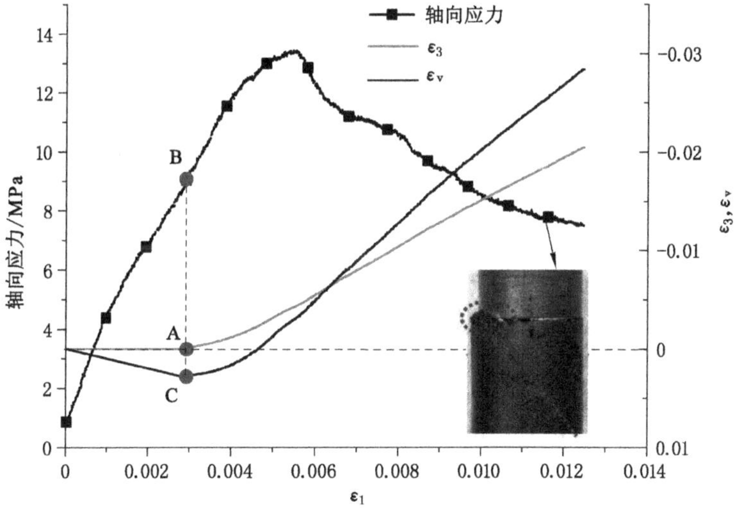

图 2-18　围岩压力为 5 MPa 时，轴向应力、环向应变和体积应变与轴向应变之间的关系

综上所述，可以认为：围岩压力对煤岩单体以及煤岩组合体的破坏形态有显著的影响，围岩压力越大，破裂面的与试样轴向的夹角越大，剪切破坏越明显，在低围岩压力下，主要以张拉破坏为主；常规三轴压缩条件下，剪切破坏是造成煤

岩组合体中煤体的环向变形远大于岩体的主要原因，峰后阶段的环向应变值、体积应变值和变形速率远远大于峰前阶段；δ 值对煤岩组合体的变形破坏影响明显，当 δ 值为 0.33 和 0.75 时，煤体中都出现多条竖向劈裂的裂纹形式，没有明显的主破裂带，且 $\delta=0.75$ 时，裂纹形式更加明显，$\delta=0.33$ 时，煤体更加破碎；当 δ 值为 0.5 和 0.67 时，煤体中出现的张拉裂纹数量明显减少，煤岩组合体失效主要是由于煤体中部主破裂区的形成。

值得一提的是，煤岩组合体的岩石强度远大于煤体，一般不会出现岩石的破坏，图中个别岩石破坏的破裂面与煤体的破裂面贯通，是因为煤体在进入峰后阶段产生宏观破裂带，一方面使岩石与煤体接触处挤压应力转变为张拉应力，另一方面煤体的突然卸荷释放能量对岩石有一定冲击作用，加剧岩石破坏。这些情况发生在煤岩组合体的峰后残余强度阶段，对整个系统的峰值强度、变形等几乎没有影响。

2.4 本章小结

本章进行了顶板岩石和煤体及两者组合体的物理力学特性试验，分析了不同组合高度比例和围岩压力与煤岩组合体物理力学参数值之间的关系，以煤岩组合体变形特征为基础建立简单的分析模型，解释了造成巷道大变形的相关因素。主要结论如下：

(1) 单轴加载过程中，煤岩单体及煤岩组合体曲线可以分为裂隙压密阶段、弹性阶段、屈服阶段以及卸载阶段；常规三轴加载时，煤及煤岩组合体的裂隙压密阶段不明显，峰值应力、峰后残余强度和弹性模量与围岩压力呈正相关关系。

(2) 煤岩组合体 δ 值越大，其强度就越小，当 δ 为 0.33 时，煤岩组合体的强度最大；在单轴压缩条件下，煤岩组合体的强度折减系数随 δ 值的增大呈先减小后逐渐趋于平缓的趋势；随着围岩压力增大，煤岩组合体逐渐从脆性向延性转化。

(3) 随着加载，煤岩组合体达到峰后阶段，其变形主要由破裂面两侧煤体之间滑动摩擦产生，这是煤岩组合体中煤体的变形远大于岩石变形的直接原因，煤峰后阶段的环向应变值、体积应变值和变形速率远远大于峰前阶段。

第 3 章　煤岩组合体应变软化非线性损伤模型

煤矿地下工程中巷道的覆岩载荷是由煤层和顶板共同承载的，准确掌握煤岩组合体的力学机理，能帮助了解此类工程现场的变形及失效方式。煤岩组合体本质上是两种岩石的组合，因此岩石的强度理论对煤岩组合体仍然适用。本章首先简单介绍了关于岩石的强度理论基础，在第 2 章煤岩组合体试验结果的基础上，从煤岩组合体内部损伤的角度出发，提出了煤岩组合体应变软化损伤非线性模型，并给出了模型的参数求解方法。然后，将煤岩组合体非线性模型与试验曲线进行拟合，完善了煤岩组合体应变软化变形过程的模拟方法，并对模型参数的影响进行了讨论。最后，将损伤体的本构模型改写为三维差分格式，成功应用于 FLAC3D 程序的二次开发，模型能较准确地描述煤岩组合体的应力-应变关系。本章的研究结果可以为第 4 章高应力巷道含层理围岩变形机理研究等方面提供重要的理论基础。

3.1　岩石强度理论基础

根据第 2 章的试验结果，煤岩组合体的变形破坏以岩石部分处于弹性变形阶段、煤体部分剪切破坏为主，在这种情况下，传统的岩石强度准则能否准确描述煤岩组合体的强度特征，需要对不同强度准则进行量化评估。本小节针对煤岩组合体的试验结果，用 M-C 和 H-B 强度准则进行适应性评价，为煤岩组合体损伤非线性关系的建立提供强度理论基础。

3.1.1　M-C 强度准则

M-C 强度准则具有明显的物理背景意义：岩石具有摩擦力和黏聚力，是在总结岩石类材料在受正应力作用下的破坏试验结果的基础上建立的强度理论。

M-C 强度准则认为岩石的破坏是材料破坏面上的剪切应力和正应力共同作用的结果（图 3-1）。在主应力空间中 M-C 强度准则可以表示为：

$$\sigma_1 = Q + K\sigma_3 \tag{3-1}$$

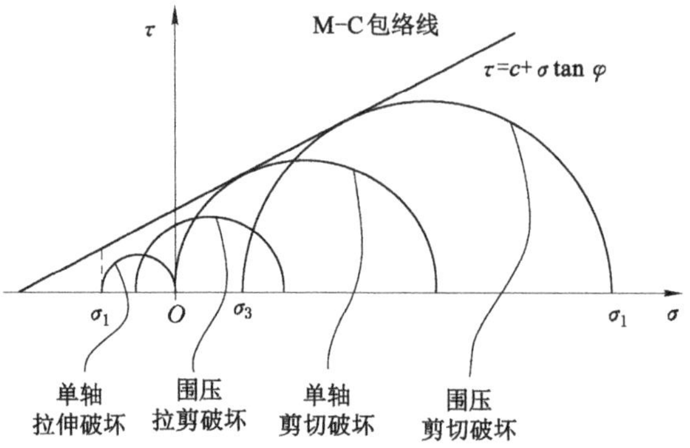

图 3-1　M-C 强度准则描述不同压力形式的岩石破坏

式中　σ_1——岩石失效的主应力；

σ_3——岩石失效的次应力；

Q,K——与岩石材料的黏聚力和内摩擦角相关的参数，$K=\tan^2\vartheta$，$Q=2c\tan\vartheta$，$\vartheta=45°-\varphi/2$ 为岩石破断面与岩石轴向的夹角。

为了使不同的强度准则对煤岩组合体的试验结果有一个定量的评价标准，引入均方根误差。均方根误差的计算式如下：

$$\delta_{\mathrm{RMSE}}^{i}=\sqrt{\frac{1}{n_{\mathrm{o}}}\sum_{i=1}^{n_{\mathrm{o}}}(\sigma_{\mathrm{o}i}-\sigma_{\mathrm{p}i})^{2}} \tag{3-2}$$

$$\bar{\delta}_{\mathrm{RMSE}}^{j}=\frac{1}{N}\sum_{j}\delta_{\mathrm{RMSE}}^{i} \tag{3-3}$$

式中　$\delta_{\mathrm{RMSE}}^{i}$——每组的均方根误差；

$\bar{\delta}_{\mathrm{RMSE}}^{j}$——该强度准则下所有组的均方根误差；

n_{o}——煤岩组合体试验中改组试验的个数；

$\sigma_{\mathrm{o}i}$——试验的测试结果；

$\sigma_{\mathrm{p}i}$——强度准则的预测结果。

目前，M-C 强度准则对常规三轴 $\sigma_1>\sigma_2=\sigma_3$ 下的岩石破坏描述具有广泛的认可度，但是对煤岩组合体岩石的破坏表征研究较少。基于不同高度比的煤岩组合体在不同围岩压力下的常规三轴压缩试验数据，利用 M-C 强度准则进行线性拟合，拟合结果如图 3-2 所示。

根据拟合曲线以及拟合参数与黏聚力和内摩擦角之间的关系，对拟合结果进行汇总，见表 3-1。

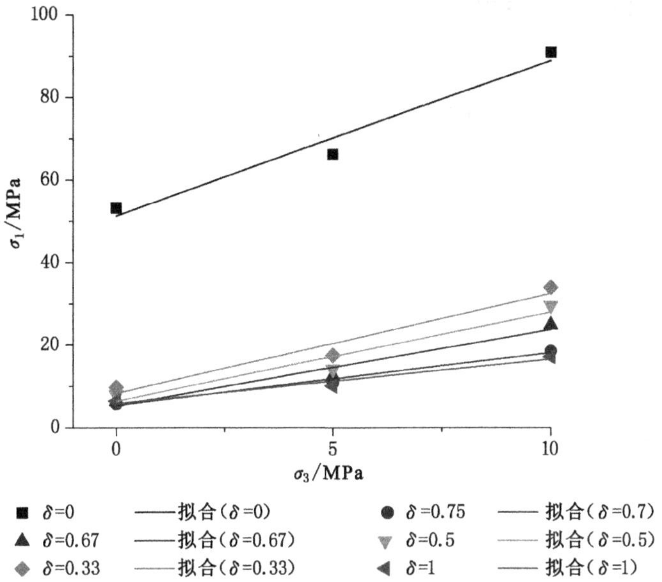

图 3-2 M-C 强度准则拟合曲线

表 3-1 M-C 强度准则拟合结果

δ 值	拟合曲线	R^2	δ^i_{RMSE}	黏聚力/MPa	内摩擦角/(°)	破断面与轴向的夹角/(°)	夹角实测值/(°)
0	$\sigma_1=51.34+3.76\sigma_3$	0.968	4.84	13.24	35.40	27.3	22.9
0.75	$\sigma_1=5.37+1.27\sigma_3$	0.973	1.05	2.37	6.98	41.5	38.3
0.67	$\sigma_1=5.29+1.85\sigma_3$	0.922	2.62	1.94	17.32	36.3	40.9
0.50	$\sigma_1=6.38+2.16\sigma_3$	0.915	3.76	2.17	21.50	34.2	35.2
0.33	$\sigma_1=8.27+2.42\sigma_3$	0.917	3.55	2.65	24.50	32.7	29.4
1	$\sigma_1=5.81+1.32\sigma_3$	0.967	1.39	2.52	7.93	41.1	42.5

由表 3-1 可以看出，岩石单体和煤单体拟合情况较好，R^2 达到 0.96 以上，对煤岩组合体拟合的 R^2 在 0.915～0.973 之间，岩石破断面与岩石轴向的夹角与实际值相差不大。

3.1.2 广义 H-B 强度准则

H-B 强度准则(综合考虑多种因素的影响,能较好地反映岩体的非线性破坏特征)是经验方程,完整的 H-B 准则的原始形式表达如下:

$$\sigma_1 = \sigma_3 + \sigma_c \sqrt{m_1 \frac{\sigma_3}{\sigma_c} + 1} \tag{3-4}$$

1992 年胡克等对 H-B 强度准则进行了改进,称为广义 H-B 强度准则。广义 H-B 强度准则增加了对岩石完整性描述的系数,不仅适用于完整性岩样,对内部裂隙发育的岩样同样适用。广义 H-B 强度准则表达如下:

$$\sigma_1 = \sigma_3 + \sigma_c \left(m_1 \frac{\sigma_3}{\sigma_c} + b\right)^n \tag{3-5}$$

式中:m_1 和 b 是关于岩石力学特性的常数,b 一般取值 0～1;n 与岩石的内部裂隙发育程度有关,一般取值 0.5～0.65,质量较好的岩块取值 0.5。

对煤岩组合体及煤岩单体的试验数据用广义 H-B 强度准则拟合,拟合结果如图 3-3 所示。从图 3-3 中可以看出:曲线具有较好的拟合效果,煤岩组合体的 R^2 达到 0.9 以上,煤岩组合体的强度随着围岩压力 σ_3 的增大呈现不断增大的趋势,但是增大速率逐渐变缓,δ=0.5 时煤岩组合体强度最大,强度增加速率也最大。表征煤岩组合体的各参数取值及 R^2 见表 3-2。

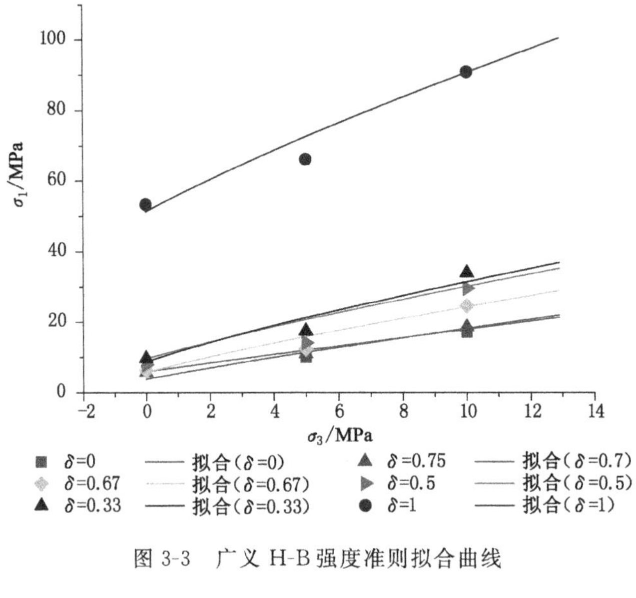

图 3-3 广义 H-B 强度准则拟合曲线

表 3-2　广义 H-B 强度准则拟合结果

δ 值	R^2	δ^i_{RMSE}	m_1	b	n
0	0.914 4	4.52	7.090	0.927	0.510
0.75	0.909 5	0.96	1.520	0.810	0.521
0.67	0.980 3	2.44	2.465	0.820	0.525
0.50	0.912 0	4.67	2.741	0.833	0.524
0.33	0.924 0	3.20	3.674	0.880	0.541
1.00	0.880 3	1.92	1.100	0.880	0.530

其中岩石的 m_1 值为最大(7.090)，煤的 m_1 值为 1.100，煤岩组合体的 m_1 值介于两者之间，表征岩石内部空隙、裂隙等参数的 n 值介于 0.510～0.541 之间。

以 $\delta=0.67$ 为例，n 和 b 为固定值，对 m_1 取介于 1～4 之间的不同值，用广义 H-B 强度准则进行拟合，拟合结果如图 3-4 所示。当 m_1 值较小时，曲线上升趋势越平缓，相同围岩压力 σ_3 对应的轴向应力 σ_1 越小，煤岩组合体的抗拉强度较大；当 m_1 值为 2～3 时，拟合趋势较好。

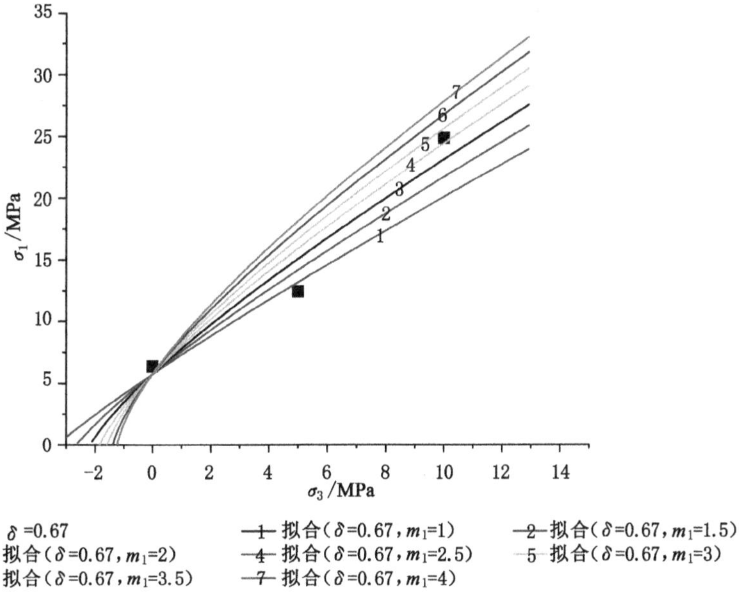

图 3-4　当 $\delta=0.67$ 时，不同 m_1 值对应的广义 H-B 强度准则拟合曲线

从拟合结果上看：M-C 强度准则和广义 H-B 强度准则对试验结果的拟合效果都较好，R^2 达到 0.9 以上；M-C 强度准则下的纯煤岩试样的 $\bar{\delta}^i_{\mathrm{RMSE}}$ 为 2.87，煤岩组合体试样的 $\bar{\delta}^i_{\mathrm{RMSE}}$ 为 2.75，广义 H-B 强度准则下的纯煤岩试样的 $\bar{\delta}^i_{\mathrm{RMSE}}$ 为 2.95，煤岩组合体试样的 $\bar{\delta}^i_{\mathrm{RMSE}}$ 为 2.82，两个强度准则的拟合效果相差不大，都可以很好地适用于煤岩组合体的强度描述。相比较而言，M-C 强度准则具有公式简单实用、参数量少、参数具有明确的物理意义，且各参数值都能通过常规的试验手段测量得到等优点；广义 H-B 强度准则各参数受主观的影响较大，因此，综合判定本书选用 M-C 强度准则来描述煤岩组合体的强度和破坏特征。

3.2 煤岩组合体非线性模型建立

在实际地质工程中，存在大量的裂隙化岩体，初加载时岩石内部原生裂隙、孔隙闭合，此时岩石的体积变小，呈现出体积压缩的特征。经过岩石的弹性阶段，达到岩石的屈服阶段后，岩石内部新的裂隙重新萌生，产生永久性的损伤。此阶段后，岩石体积开始表现出增大的特征，继续加载，岩石内部的裂隙发育、贯通形成宏观裂隙，岩石之间的咬合、黏结作用降低，岩石的破坏演化成为两个块体之间沿着宏观裂隙带的剪切滑移变形。因此，岩石的破坏过程实际是岩石内部裂隙、微裂隙的发育演化过程。本小节用损伤力学理论对煤岩组合体加载过程的应变软化特征进行描述，推导了煤岩单体损伤和煤岩组合体损伤的演化模型，并在后文与试验结果进行拟合验证。

3.2.1 单体非线性损伤模型

煤岩组合体从本质上来说是两种不同岩性岩体的组合，可以将其视为两种岩性岩体的并联或者串联体。不同高度比例下的岩石和煤体，由于强度差异，在相同压力下其损伤程度不同。对煤岩组合体整体而言，在垂直压力作用下，煤岩组合体受到的轴向力与岩石和煤体各自受到的轴向力大小相等，但是煤岩单体各自的应变不同，煤岩组合体的变形量是煤岩单体变形量之和，因此在整体上可以将煤岩组合体看作岩石和煤体的串联体；对煤岩组合体中煤体和岩体而言，考虑到煤岩单体各自内部的损伤状况，煤岩单体内部应遵循变形协调原则，即单体内部损伤和未损伤部分的应变是相等的，单体受力值等于损伤和未损伤两部分受力之和，即煤岩单体内损伤部分和未损伤部分并联，遵守应变相等、力相加的计算原则。

本书为了建立符合煤岩组合体的非线性损伤模型，做出以下假设：

(1) 岩石内部是由能承担载荷的微元体组成的，岩石可以分为损伤部分和未损伤部分；

(2) 当损伤发生时，岩石内部损伤微元体是随机分布的，损伤单元和未损伤单元充分融合，两者应变相等；

(3) 未损伤部分符合弹性胡克定律，损伤部分只发生在岩石的轴向，在径向没有损伤产生。

煤岩组合体中造成煤体破坏的能量经岩体传递至煤体，在缓慢加载的过程中，两体受到的力基本相等。从煤岩组合体中两体的强度角度而言，组合体中的煤体段与岩体段存在三种情况的强度差异：煤体段强度弱于岩体段，煤体段强度强于岩体段，煤体段强度等于岩体段。而煤体段和岩体段的强度差异本质上是由两段岩石的高径比导致的，根据岩石尺寸效应[193-195]的研究成果，岩石强度和标准试样(ϕ50 mm×100 mm)的强度之间呈指数关系，见下式：

$$\sigma_0 = \sigma_t e^{(a+b/s)} \tag{3-6}$$

式中　σ_0——任意高径比下岩石的强度；

σ_t——ϕ50 mm×100 mm 标准试样的强度。

因此，可以得到煤岩组合体煤体段和岩体段的强度分布，如图 3-5 所示。图 3-5 中横坐标表示煤体或岩体的高度占煤岩组合体高度的百分比，纵坐标表示单体试样的强度，煤岩组合体为 ϕ50 mm×100 mm 的标准试样，用 λ_i 表示煤的比例，用 λ_i'表示岩石的比例，煤体和岩体的高度占煤岩组合体高度的比例在横坐标上以 $\lambda=0.5$ 为对称轴呈对称分布。煤岩组合体中，当煤体和岩体的高度占比为 λ_1 和 λ_1'时，煤岩组合体中煤体试样和岩体试样的峰值强度相等，即 $\lambda_1'=1-\lambda_1$；当煤体和岩体的高度占比为 λ_2 和 λ_2'时，煤岩组合体中煤体试样的峰值强度和岩体试样的屈服强度相等，即 $\lambda_2'=1-\lambda_2$。由此可以得到以下结论：

(1) δ 值在 $0 \sim \lambda_1$ 之间，即 $0<\delta<\lambda_1$ 时，破坏首先发生在岩石部分；

(2) 当 $\lambda_1<\delta\leqslant 1$ 时，破坏首先发生在煤体部分；

(3) 当 $\delta=\lambda_1$ 时，煤体和岩体同时发生破坏；

(4) 当 $\lambda_1<\delta<\lambda_2$ 时，煤体和岩体都发生损伤变形；

(5) 当 $\lambda_2<\delta\leqslant 1$ 时，煤体发生损伤变形，而岩体则发生弹性变形。

从煤岩组合体内部损伤角度看，对于不同高度比的煤岩组合体的损伤一般主要分为两种情况：

(1) 煤体(岩体)发生完全损伤($D_c=1$)，岩体(煤体)仍处于弹性变形阶段($D_r=0$)；

(2) 煤体发生损伤时($0<D_c<1$)，岩体也处于塑性变形阶段($0<D_r<1$)。

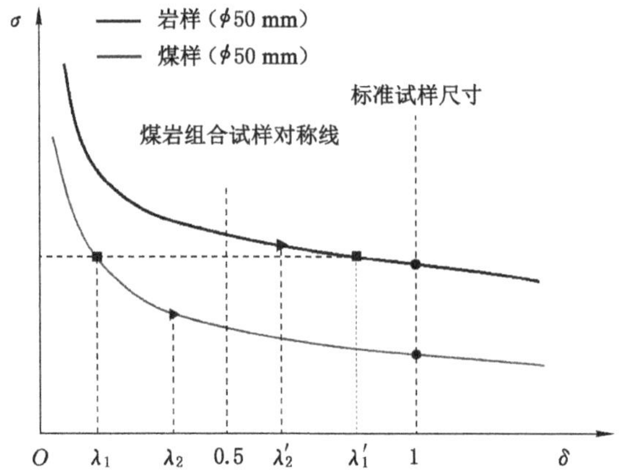

图 3-5　煤岩组合体中煤体段和岩体段的强度分布

第 2 章的试验结果显示，所有的破坏全部发生在煤岩组合体的煤体段，岩体段保持完整，没有明显的破碎、破裂产生，其原因在于本次选用的煤体的刚度和强度比岩体小得多。试验测得标准试样岩体的单轴抗压强度达到 53 MPa，而 $\delta=0.33$ 时的煤岩组合体常规三轴抗压强度最大为 33.92 MPa。根据岩石尺寸效应（同直径的岩石，其峰值强度与高度呈负相关关系），可以得出如下结论，即在煤岩组合体试样的整个加载过程中，岩体段处于完全弹性状态，其应变在岩体中均匀分布。本章先求得弹性体和损伤体各自的本构关系，然后对上述两种情况下的非线性损伤模型进行推导，并将第一种非线性损伤模型与试验结果拟合验证。

当煤体达到强度极限直至完全损伤时（$0<D_c\leqslant 1$），岩体仍处于弹性变形阶段（$D_r=0$），其串并联形式如图 3-6 所示。

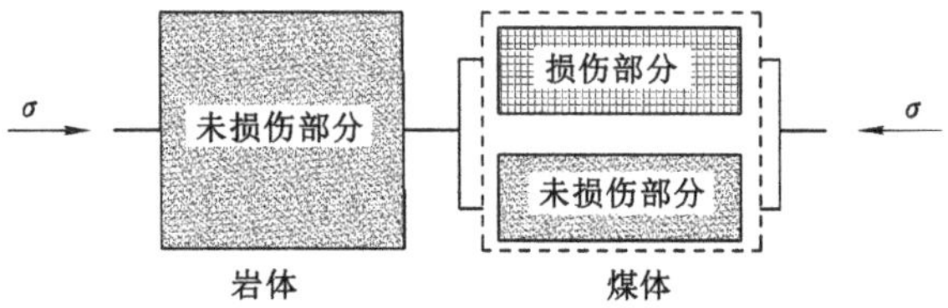

图 3-6　煤岩组合体损伤与未损伤的串并联形式

在煤岩单体中，岩体由于处于未发生损伤的阶段，视其内部发生的变形为弹性变形，可以将岩石简化为牛顿体弹性元件。煤体内部已经发生了损伤变形，用损伤部分和未损伤部分并联表示处于弹性和完全损伤状态之间的煤体，可以用损伤体表示损伤阶段的煤体，因此处于弹性阶段的岩石本构关系和损伤阶段的煤体的本构关系串联可以简化为如图 3-7 所示。

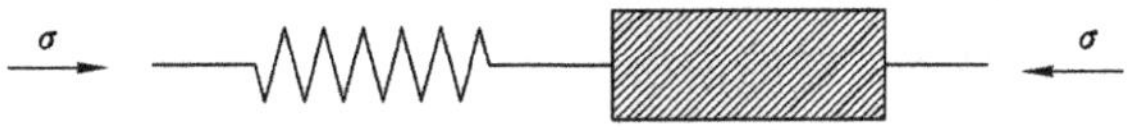

图 3-7 煤岩组合体损伤非线性模型

常规三轴加载条件下，岩石用牛顿体表示的本构方程可表达为：

$$\sigma_{r1} = E_r\varepsilon_{r1} + 2\mu_r\sigma_{r3} \tag{3-7}$$

式中 E_r，μ_r——牛顿体的杨氏模量和泊松比；

σ_{r1}，ε_{r1}——牛顿体的应力和应变。

煤体内部介于弹性和完全损伤状态之间，其力学表达形式如下：

$$\begin{cases} F_c = F'_c + F''_c \\ \varepsilon_c = \varepsilon'_c = \varepsilon''_c \end{cases} \tag{3-8}$$

式中 F_c，ε_c——煤岩组合体中煤的轴向应力和轴向应变；

F'_c，ε'_c——损伤部分的微观轴向应力和轴向应变；

F''_c，ε''_c——未损伤部分的微观轴向应力和轴向应变。

设煤体微元的截面积为 A_c，煤岩组合体受到的宏观轴向应力为 σ_{ci}；煤体受损伤部分微元的面积为 A_{c1}，微观轴向应力为 σ'_{ci}；煤体未损伤部分微元的面积为 A_{c2}，微观轴向应力为 σ''_{ci}，则式(3-8)可以改写为：

$$\begin{cases} A_c\sigma_c = A_{c1}\sigma'_{ci} + A_{c2}\sigma''_{ci} \\ \varepsilon_c = \varepsilon'_c = \varepsilon''_c \end{cases} \tag{3-9}$$

式中 A_c——煤体微元的截面积，$A_c = A_{c1} + A_{c2}$。

损伤因子 D 为裂隙或孔洞占整体体积的比例，因高度相同，则 $D = A_{c1}/(A_{c1} + A_{c2})$，把损伤因子及微元面积之间的相互关系代入式(3-9)中，可以得到煤岩组合体中损伤体的损伤模型：

$$\begin{cases} \sigma_{ci} = \sigma'_{ci}D + \sigma''_{ci}(1-D) \\ \varepsilon_c = \varepsilon'_c = \varepsilon''_c \end{cases} \tag{3-10}$$

但是，岩石的微观应力只是描述岩石微元体的受力现象，其具体数值很难通过试验的手段测得，因此建立起微观应力和宏观可直接监测物理量之间的关系是十分必要的。

煤体的加载过程伴随着从完整的弹性范围到裂隙萌生的损伤阶段的变化，根据假设条件，当煤体处于弹性范围时，煤体中未损伤部分在轴向的应力-应变关系符合胡克定律，则有：

$$\sigma''_{c1} = E''_c\varepsilon''_{c1} + \mu''_c(\sigma''_{c2} + \sigma''_{c3}) \tag{3-11}$$

式中 E''_c——未损伤煤体试样的弹性模量；

ε''_c——未损伤煤体试样的应变；

μ''_c——未损伤煤体试样的泊松比。

根据本书的假设条件及引用文献[127,132-133]的研究结论可得：

$$\varepsilon''_{ci} = \varepsilon'_{ci} = \varepsilon_{ci} \tag{3-12}$$

$$\mu''_c = \mu_c \tag{3-13}$$

$$E''_c = E_c \tag{3-14}$$

将式(3-12)～式(3-14)代入式(3-11)可以得到：

$$\sigma''_{c1} = E_c\varepsilon_{c1} + \mu_c(\sigma''_{c2} + \sigma''_{c3}) \tag{3-15}$$

对于煤体的损伤部分可引用文献的研究结果，煤体内部损伤部分的应力可以表示为：

$$\sigma'_{c3} = k \tag{3-16}$$

$$\sigma'_{c1} = k\tan^2\alpha + 2c\tan\alpha \tag{3-17}$$

其中：

$$k = \frac{\cot\varphi}{(1+\tan\alpha)\sin\alpha}\left[\frac{(1+\mu_c)\sigma_{c0}^2\sin\alpha}{3E_c\varepsilon_{c1}} - c\right] - \frac{2c}{1+\tan\alpha} \tag{3-18}$$

式中 φ——内摩擦角；

α——破断面与水平方向的夹角，$\alpha = \frac{\pi}{4} + \frac{\varphi}{2}$；

c——纯煤试样的黏聚力；

σ_{c0}——纯煤试样的单轴抗压强度；

E_c——损伤体的杨氏模量；

ε_{c1}——损伤体的应变。

当 $i=1$ 时，根据式(3-10)可以得到：

$$\sigma_{c1} = \sigma'_{c1}D + \sigma''_{c1}(1-D) \tag{3-19}$$

将式(3-15)、式(3-17)和式(3-18)代入式(3-19)中，则可以得到：

$$\sigma_{c1} = D(k\tan^2\alpha + 2c\tan\alpha) + (1-D)[E_c\varepsilon_{c1} + \mu_c(\sigma''_{c2} + \sigma''_{c3})] \tag{3-20}$$

并由假设条件得到 $\sigma''_{c3} = \sigma_{c3}$，考虑本书是在常规三轴压缩条件下进行的煤岩组合体压缩试验，则 $\sigma''_{c2} = \sigma''_{c3}$，式(3-20)可以变化为：

$$\sigma_{c1} = (1-D)E_c\varepsilon_{c1} + 2\mu_c\sigma_{c3} + D(k\tan^2\alpha - 2\mu_c\sigma_{c3} + 2c\tan\alpha) \tag{3-21}$$

令 $Q = k\tan^2\alpha + 2c\tan\alpha$，则式(3-21)可以改写为：

$$\sigma_{c1} = (1-D)E_c\varepsilon_{c1} + 2(1-D)\mu_c\sigma_{c3} + DQ \tag{3-22}$$

式(3-22)即为煤岩组合体中表示损伤体的本构模型。

由损伤体的本构模型可知：当煤岩组合体处于弹性阶段时，煤岩组合体内部完整，无孔隙产生（$n=0$），损伤因子 $D=0$，则 $\sigma_{c1}=E_c\varepsilon_{c1}+2\mu_c\sigma_{c3}$ 即表示煤岩组合体中代表损伤体的本构模型；当煤岩组合体中煤体完全处于损伤状态，即 $D=1$ 时，$\sigma_{c1}=Q$ 即表示煤岩组合体损伤体的峰后残余应力。

煤岩组合体的非线性模型用牛顿体的本构模型与损伤体的本构模型串联的形式表示，组合体的轴向应力等于牛顿体和损伤体的轴向应力之和，组合体的应变等于煤体和岩体应变之和，即：

$$\begin{cases}\sigma_1=\sigma_{r1}=\sigma_{c1}\\ \varepsilon_1=(1-\delta)\varepsilon_{r1}+\delta\varepsilon_{c1}\end{cases} \tag{3-23}$$

式中　σ_1 和 ε_1——煤岩组合体的应力和应变；

σ_{r1} 和 ε_{r1}——牛顿体的应力和应变；

σ_{c1} 和 ε_{c1}——损伤体的应力和应变。

将式(3-6)和式(3-22)代入式(3-23)中，可以得到煤岩组合体的损伤非线性关系为：

$$\sigma_1=\frac{(1-D)E_rE_c\varepsilon_1+[2\mu_r(1-\delta)(1-D)E_c+2\mu_c\delta(1-D)E_r]\sigma_3+\delta QDE_r}{(1-\delta)(1-D)E_c+\delta E_r} \tag{3-24}$$

令 $\psi=(1-D)E_c$，则式(3-24)可以改写为：

$$\sigma_1=\frac{\psi E_r\varepsilon_1+[2\mu_r\psi(1-\delta)+2\mu_c(1-D)E_r\delta]\sigma_3+\delta QDE_r}{(1-\delta)\psi+\delta E_r} \tag{3-25}$$

式(3-25)即为煤岩组合体常规三轴加载条件下的非线性损伤模型，E_c 和 E_r 分别为纯煤试样和纯岩试样的弹性模量，μ_r 和 μ_c 分别为纯煤试样和纯岩试样的泊松比。

3.2.2　损伤因子

关于损伤因子 D 的取值，专家们做了大量的研究。唐春安等[196]以岩石的轴向应变表征岩石微元强度，建立了岩石统计损伤模型，但是此模型存在一定的不足，一般来说只有受力达到岩石屈服强度，进入塑性变形阶段，岩石内部才会产生损伤变形，岩石微元强度与其受力状态有直接关系，因此应变并不能准确反映岩石的微元强度。曹文贵等[197-198]基于 D-P 准则，建立了表征岩石微元强度的方法，公式表示如下：

$$F=f(\sigma)=\alpha_0I_1+J_2^{1/2} \tag{3-26}$$

其中：

$$\alpha_0=\frac{\sin\varphi}{\sqrt{9+3\sin^2\varphi}}$$

式中 I_1——应力张量第一不变量；

J_2——应力偏张量第二不变量。

该方法较前人研究有一定的合理性，但是利用该方法建立的损伤模型认为岩石在达到损伤阈值之前产生损伤，不能反映岩石屈服强度的影响，也不能表征岩石的屈服点是产生塑性变形的起始点，因此这显然是也不合理的。

曹文贵之后进一步完善了微元强度表征方法，在M-C强度准则的基础上提出了可考虑损伤阈值的岩石微元强度度量方法。本章在此方法的基础上，建立表征煤岩组合体损伤演化的新方法。

煤岩组合体中，煤体试样的微元强度 F_c 的表示方法为：

$$F_c = \sigma''_{c1} - \kappa\sigma''_{c3} - \vartheta \tag{3-27}$$

式中，κ 和 ϑ 是与煤岩组合体中煤体试样达到损伤阈值时的黏聚力 c_t^c 和内摩擦角 φ_t^c 有关的常数，可以表示为：

$$\kappa = \frac{1 + \sin\varphi_t^c}{1 - \sin\varphi_t^c}, \vartheta = \frac{2c_t^c \cos\varphi_t^c}{1 - \sin\varphi_t^c} \tag{3-28}$$

式中，$\vartheta(1 - \sin\varphi_t^c)$实际为煤体试样的屈服强度，较上一种方法加入了损伤阈值的影响。当 $F_c > 0$ 时，煤岩组合体中煤体的强度大于损伤阈值，即达到塑性变形阶段，开始产生损伤；当 $F_c < 0$ 时，岩石在弹性变形范围内，此时煤体无损伤，损伤因子为0。

根据常规三轴加载的应力-应变关系，将 $\sigma''_{c2} = \sigma''_{c3} = \sigma_{c3}$，$\varepsilon_{c2} = \varepsilon_{c3}$ 和式(3-11)代入式(3-27)和式(3-28)中，可以得到用有效应力表征煤岩组合体中煤体试样微元强度 F_c 的表达式：

$$F_c = E_c\varepsilon_{c1} + \left(2\mu_c - \frac{1 + \sin\varphi_t^c}{1 - \sin\varphi_t^c}\right)\sigma_3 - \frac{2c_t^c \cos\varphi_t^c}{1 - \sin\varphi_t^c} \tag{3-29}$$

假定煤体试样微元强度 F_c 服从威布尔分布，式(3-30)为威布尔分布的概率密度函数：

$$P(F_c) = \frac{m}{F}\left(\frac{F_c}{F_0}\right)^{(m-1)} \exp\left[-\left(\frac{F_c}{F_0}\right)^m\right] \tag{3-30}$$

当 $F_c > 0$ 时，损伤因子 D 的损伤演化方程为：

$$D = \int_0^{F_c} P(x)\mathrm{d}x = 1 - \exp\left[-\left(\frac{F_c}{F_0}\right)^m\right] \tag{3-31}$$

式中，m，F_0 表示微元强度威布尔分布参数。

当 $F_c > 0$ 时，煤体内部产生塑性变形，损伤因子 D 的取值范围为[0,1]；当 $F_c < 0$ 时，煤体试样的损伤因子 D 恒为0；当 $F_c = 0$ 时，煤体强度达到损伤阈值，损伤因子达到临界状态，$D = 0$。因此，结合式(3-31)可以得到考虑损伤阈值影响的煤体试样损伤演化方程，即反映损伤的起始点是在达到屈服强度时，符合煤

体损伤演化过程，可用式(3-32)表示。

$$D=\begin{cases}1-\exp\left[-\left(\dfrac{F_c}{F_0}\right)^m\right] & (F_c\geqslant 0)\\ 0 & (F_c<0)\end{cases} \tag{3-32}$$

将式(3-32)代入式(3-24)中即可得到式(3-33)和式(3-34)含损伤阈值的裂隙化煤岩组合体非线性损伤方程。

当 $F_c<0$ 时，$D=0$，煤岩组合体非线性损伤方程为：

$$\sigma_1=\frac{E_rE_c\varepsilon_1+[2\mu_r(1-\delta)E_c+2\mu_c\delta E_r]\sigma_3}{(1-\delta)E_c+\delta E_r} \tag{3-33}$$

当 $F_c\geqslant 0$ 时，$0<D\leqslant 1$，煤岩组合体非线性损伤方程为：

$$\sigma_1=\frac{\left\{\exp\left[-\left(\dfrac{F_c}{F_0}\right)^m\right]\right\}E_rE_c\varepsilon_1+[2\mu_r(1-\delta)E_c+2\mu_c\delta E_r]\left\{\exp\left[-\left(\dfrac{F_c}{F_0}\right)^m\right]\right\}\sigma_3+\delta QE_r\left\{1-\exp\left[-\left(\dfrac{F_c}{F_0}\right)^m\right]\right\}}{(1-\delta)E_c\left\{\exp\left[-\left(\dfrac{F_c}{F_0}\right)^m\right]\right\}+\delta E_r} \tag{3-34}$$

令 $\psi=E_c\exp\left[-\left(\dfrac{F_c}{F_0}\right)^m\right]$，$\psi'=E_r\exp\left[-\left(\dfrac{F_c}{F_0}\right)^m\right]$，则式(3-34)可以简写为：

$$\sigma_1=\frac{\psi E_r\varepsilon_1+[2\mu_r(1-\delta)\psi+2\mu_c\delta\psi']\sigma_3+\delta Q(E_r-\psi')}{(1-\delta)\psi+\delta E_r} \tag{3-35}$$

式(3-33)和式(3-34)即完整形式的考虑损伤阈值影响的煤岩组合体非线性损伤模型。

3.2.3　模型参数

煤岩组合体非线性损伤模型含有多个未知参数，未知参数的确定是建立煤岩组合体损伤模型的关键。确定参数 m_1 和 F_0 有两种主要的方法：第一种为建立包含 m_1 和 F_0 两种参数的煤岩组合体非线性损伤模型，然后将模型与试验数据进行拟合，可以得到参数与应力之间的最佳拟合关系，然后即可得到完整的非线性损伤方程；第二种是利用岩石在常规三轴加载过程中出现的特定极值点来求解。假设煤岩组合体在峰值点处的应力和应变分别为 σ_{pcr} 和 ε_{pcr}，则由式(3-34)可得：

$$\left.\frac{\partial\sigma_1}{\partial\varepsilon_1}\right|_{\substack{\sigma_1=\sigma_{pcr}\\ \varepsilon_1=\varepsilon_{pcr}}}=0 \tag{3-36}$$

则式(3-36)的偏导结果为：

$$\left.\frac{\partial D}{\partial \varepsilon_1}\right|_{\substack{\sigma_1=\sigma_{pcr}\\ \varepsilon_1=\varepsilon_{pcr}}}=\frac{(1-D_{pcr})^2(1-\delta)E_c+(1-D_{pcr})\delta E_c E_r}{\delta E_r E_c \varepsilon_{pcr}+2\delta E_c[(1-\delta)\mu_c-\mu_r]\sigma_3-\delta[(1-\delta)E_c+\delta E_r]\left.\frac{\partial Q}{\partial \varepsilon_1}\right|_{\substack{\sigma_1=\sigma_{pcr}\\ \varepsilon_1=\varepsilon_{pcr}}}} \tag{3-37}$$

然后同样对式(3-29)和式(3-31)进行偏微分，可以得到：

$$\left.\frac{\partial F_c}{\partial \varepsilon_1}\right|_{\substack{\sigma_1=\sigma_{pcr}\\ \varepsilon_1=\varepsilon_{pcr}}}=E_c \tag{3-38}$$

$$\begin{aligned}\left.\frac{\partial D}{\partial \varepsilon_1}\right|_{\substack{\sigma_1=\sigma_{pcr}\\ \varepsilon_1=\varepsilon_{pcr}}} &= \left.\frac{\partial F_c}{\partial \varepsilon_1}\right|_{\substack{\sigma_1=\sigma_{pcr}\\ \varepsilon_1=\varepsilon_{pcr}}}\left[-\frac{m_1}{F_0}\left(\frac{F_{pcr}}{F_0}\right)^{m_1-1}\right]\exp\left[-\left(\frac{F_{pcr}}{F_0}\right)^{m_1}\right] \\ &= -E_c\frac{m_1}{F_{pcr}}(1-D_{pcr})\ln(1-D_{pcr})\end{aligned} \tag{3-39}$$

由于关于 Q 的式中含有损伤体应变的未知量，因此对 Q 求偏微分时，需找出损伤体应变和煤岩组合体应变的关系表达式，由式(3-7)和式(3-23)可得：

$$\varepsilon_{c1}=\frac{E_r\varepsilon_1-(1-\delta)(\sigma_1-2\mu_r\sigma_3)}{\delta E_r} \tag{3-40}$$

将式(3-40)代入式(3-18)中，则 k 可以写成：

$$k=\frac{\cot\varphi}{(1+\tan\alpha)\sin\alpha}\left[\frac{\delta E_r(1+\mu_c)\sigma_{c0}^2\sin\alpha}{3E_c[E_r\varepsilon_1-(1-\delta)(\sigma_1-2\mu_r\sigma_3)]}-c\right]-\frac{2c}{1+\tan\alpha} \tag{3-41}$$

然后对 Q 和式(3-41)求偏微分，可以得到：

$$\left|\frac{\partial Q}{\partial \varepsilon_1}\right|_{\substack{\sigma_1=\sigma_{pcr}\\ \varepsilon_1=\varepsilon_{pcr}}}=\left|\frac{\partial k}{\partial \varepsilon_1}\right|_{\substack{\sigma_1=\sigma_{pcr}\\ \varepsilon_1=\varepsilon_{pcr}}}\tan^2\alpha \tag{3-42}$$

$$\left|\frac{\partial k}{\partial \varepsilon_1}\right|_{\substack{\sigma_1=\sigma_{pcr}\\ \varepsilon_1=\varepsilon_{pcr}}}=\frac{\cot\varphi}{1+\tan\alpha}\,\frac{\delta E_r(1+\mu_c)[E_r+2\mu_r(1-\delta)\sigma_3]\sigma_{c0}^2}{3E_c\,[E_r\varepsilon_{pcr}+(1-\delta)(\sigma_{pcr}-2\mu_r\sigma_3)]^2} \tag{3-43}$$

令 $\gamma=\dfrac{\delta E_r(1+\mu_c)[E_r+2\mu_r(1-\delta)\sigma_3]\sigma_{c0}^2}{3E_c[E_r\varepsilon_{pcr}+(1-\delta)(\sigma_{pcr}-2\mu_r\sigma_3)]^2}$，$\zeta=\dfrac{\cot\varphi\tan^2\alpha}{1+\tan\alpha}$，则将式(3-43)代入式(3-42)可得：

$$\left|\frac{\partial Q}{\partial \varepsilon_1}\right|_{\substack{\sigma_1=\sigma_{pcr}\\ \varepsilon_1=\varepsilon_{pcr}}}=\zeta\gamma \tag{3-44}$$

将式(3-37)～式(3-39)和式(3-44)联合，即可求得非线性损伤方程中系数 m_1 的表达式：

$$m_1=\frac{[(1-D_{pcr})(1-\delta)+\delta E_r]F_{pcr}}{\{\delta E_r E_c\varepsilon_{pcr}+2\delta E_c[(1-\delta)\mu_c-\mu_r]\sigma_3-\delta\zeta\gamma[(1-\delta)E_c-\delta E_r]\}\ln(1-D_{pcr})} \tag{3-45}$$

式中，D_{pcr} 和 F_{pcr} 分别为煤岩组合体达到峰值时的损伤因子和微元强度，即 $\varepsilon_1=\varepsilon_{pcr}$，$\sigma_1=\sigma_{pcr}$。

由式(3-32)的第一式还可以得到：

$$\exp\left[-\left(\frac{F_{\mathrm{pcr}}}{F_0}\right)^{m_1}\right]=1-D_{\mathrm{pcr}} \tag{3-46}$$

由式(3-46)即可求得 F_0 的表达式为：

$$F_0=F_{\mathrm{pcr}}\left[-\ln(1-D_{\mathrm{pcr}})\right]^{-\frac{1}{m_1}} \tag{3-47}$$

将求得的 F_{pcr}和 m_1 代入式(3-46)中即可求得 F_0。

式(3-45)和式(3-47)是煤岩组合体单体非线性损伤模型的参数求解表达式。

3.2.4　两体非线性损伤模型

如图 3-5 所示，当 δ 处于 λ_1 和 λ_2 之间时，煤岩组合体中煤体和岩体都发生损伤变形。本小节针对煤体和岩体都达到损伤状态时的非线性损伤模型进行求解。

当煤体和岩体都发生损伤变形时，两者都可以用损伤体来表示，如图 3-8 所示。

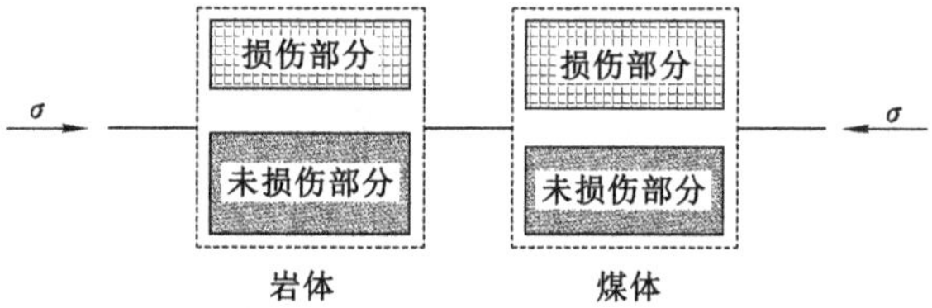

图 3-8　两个损伤体并联的模型

利用上小节的结论，同理可得煤岩组合体中岩体为损伤体时其非线性损伤方程为：

$$\sigma_{\mathrm{r1}}=(1-D_{\mathrm{r}})E_{\mathrm{r}}\varepsilon_{\mathrm{r1}}+2(1-D_{\mathrm{r}})\mu_{\mathrm{r}}\sigma_{\mathrm{r3}}+D_{\mathrm{r}}Q_{\mathrm{r}} \tag{3-48}$$

式中：$Q_{\mathrm{r}}=k_{\mathrm{r}}\tan^2\alpha_{\mathrm{r}}+2c_{\mathrm{r}}\tan\alpha_{\mathrm{r}}$；$D_{\mathrm{r}}$ 为岩体的损伤因子。

煤体和岩体都达到损伤状态时，煤岩组合体的损伤模型用岩体和煤体代表的损伤体整体串联的形式表示，如图 3-9 所示。组合体的轴向应力等于损伤体 1 和损伤体 2 的轴向应力之和，组合体的应变等于损伤体 1 和损伤体 2 的应变之和，两体串联的计算公式不变，仍为式(3-23)。

将式(3-48)和式(3-21)代入式(3-23)中，即可得到两体都为损伤状态的煤岩组合体非线性损伤模型，如式(3-49)所列：

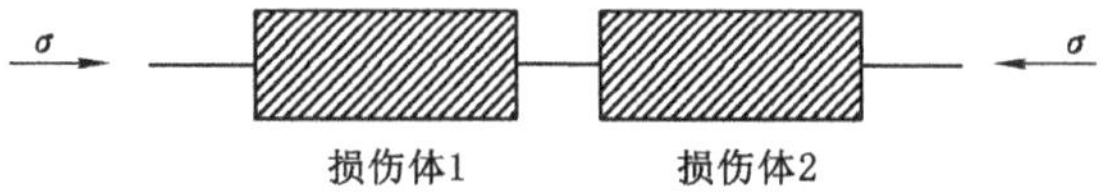

图 3-9　煤体和岩体都达到损伤状态时的非线性损伤关系

$$\sigma_1=\frac{P_cP_r\varepsilon_1+[2\mu_r(1-\delta)(1-D_r)P_c+2\mu_c\delta(1-D_c)P_r]\sigma_3+[(1-\delta)P_cD_rQ_r+\delta P_rD_cQ_c]}{(1-\delta)P_c+\delta P_r}\tag{3-49}$$

其中：

$$P_c=(1-D_c)E_c$$
$$P_r=(1-D_r)E_r$$

式(3-49)即为常规三轴加载条件下煤体和岩体都发生损伤变形的煤岩组合体非线性损伤模型。

煤岩组合体中煤体试样的微元强度 F_c^c 的表达式：

$$F_c^c=E_c\varepsilon_{c1}+\left(2\mu_c-\frac{1+\sin\varphi_t^c}{1-\sin\varphi_t^c}\right)\sigma_3-\frac{2c_t^c\cos\varphi_t^c}{1-\sin\varphi_t^c}\tag{3-50}$$

煤岩组合体中岩体试样的微元强度 F_c^r 表示为：

$$F_c^r=E_r\varepsilon_{r1}+\left(2\mu_r-\frac{1+\sin\varphi_t^r}{1-\sin\varphi_t^r}\right)\sigma_3-\frac{2c_t^r\cos\varphi_t^r}{1-\sin\varphi_t^r}\tag{3-51}$$

式中　c_t^c,φ_t^c——煤体达到损伤阈值时的黏聚力和内摩擦角；

c_t^r,φ_t^r——岩体达到损伤阈值时的黏聚力和内摩擦角。

$$D_r=\begin{cases}1-\exp\left[-\left(\dfrac{F_c^r}{F_0^r}\right)^{m_r}\right] & (F_c^r\geqslant 0)\\ 0 & (F_c^r<0)\end{cases}\tag{3-52}$$

式(3-49)和式(3-51)即为煤岩组合体中岩体的微元强度和损伤因子的表达式。将式(3-50)和式(3-51)代入式(3-49)中即可得到完整形态的非线性损伤关系。

对于煤岩组合体中的煤体和岩体来说，由于其自身的强度不同，但受到的轴向载荷和围压都是相等的，因此，强度弱的煤体会比岩体先达到屈服状态。可以得到完整形态的煤岩组合体的非线性损伤关系如下：

(1) 当 $F_c^r<0$、$F_c^c<0$ 时，D_c 和 D_r 的值都为 0，因此煤岩组合体非线性损伤方程为：

$$\sigma_1=\frac{E_rE_c\varepsilon_1+[2\mu_r(1-\delta)E_c+2\mu_c\delta E_r]\sigma_3}{(1-\delta)E_c+\delta E_r}\tag{3-53}$$

(2) 当 $F_c^r<0$、$F_c^c\geqslant 0$ 时，$0<D_c\leqslant 1$、$D_r=0$，因此煤岩组合体非线性损伤方程

为：

$$\sigma_1=\frac{P'_c E_r \varepsilon_1+\left\{2\mu_r(1-\delta)P'_c+2\exp\left[-\left(\frac{F_c}{F_0}\right)^{m_c}\right]\mu_c\delta E_r\right\}\sigma_3+\delta Q_c E_r\left\{1-\exp\left[-\left(\frac{F_c}{F_0}\right)^{m_c}\right]\right\}}{(1-\delta)P'_c+\delta E_r} \tag{3-54}$$

其中：

$$P'_c=E_c\exp\left[-\left(\frac{F_c^c}{F_0^c}\right)^{m_c}\right]$$

(3) 当 $F_c^r \geqslant 0$、$F_c^c \geqslant 0$ 时，$0<D_c\leqslant 1$、$0<D_r\leqslant 1$，因此煤岩组合体非线性损伤方程为：

$$\sigma_1=\frac{P'_c P'_r \varepsilon_1+\left[2\mu_r(1-\delta)P'_c+2\mu_c\delta\frac{P'_c}{E_c}P'_r\right]\sigma_3+\left[(1-\delta)\left(1-\frac{P'_r}{E_r}\right)P'_c Q_r+\left(1-\frac{P'_c}{E_c}\right)\delta P'_r Q_c\right]}{(1-\delta)P'_c+\delta P'_r} \tag{3-55}$$

其中：

$$P'_r=E_r\exp\left[-\left(\frac{F_c^r}{F_0^r}\right)^{m_r}\right]$$

式(3-53)～式(3-55)即为完整形态的煤岩组合体两体达到损伤状态时的非线性损伤方程。

模型的参数同样有两种方法求解，即拟合法和特殊值法。两体非线性损伤模型特殊值求解方法与单体损伤时的参数求解方法相同，本节不再重复。

3.3　非线性损伤模型试验验证

根据煤岩组合体非线性损伤模型的参数求解方法，将试验得到的煤体和岩体的物理力学参数代入式(3-25)中，然后与试验数据进行对比，对比结果如图 3-10 和图 3-11 所示。

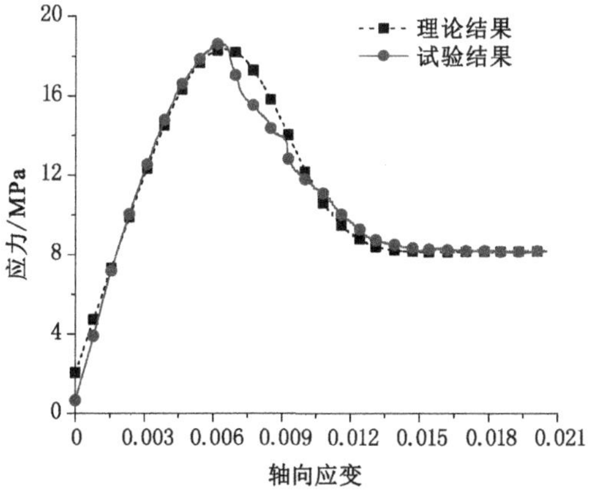

(a) δ=0.33

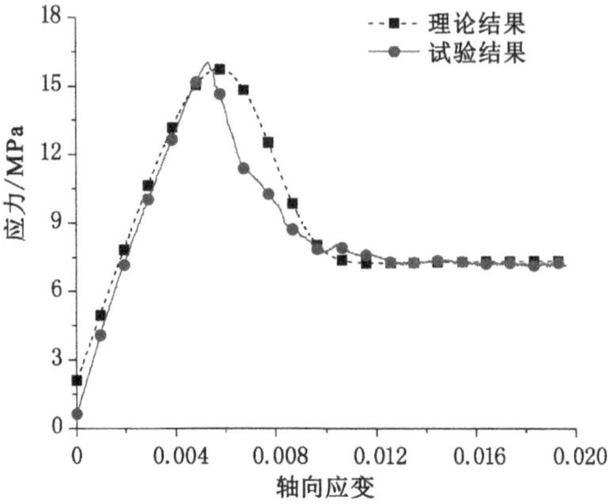

(b) δ=0.5

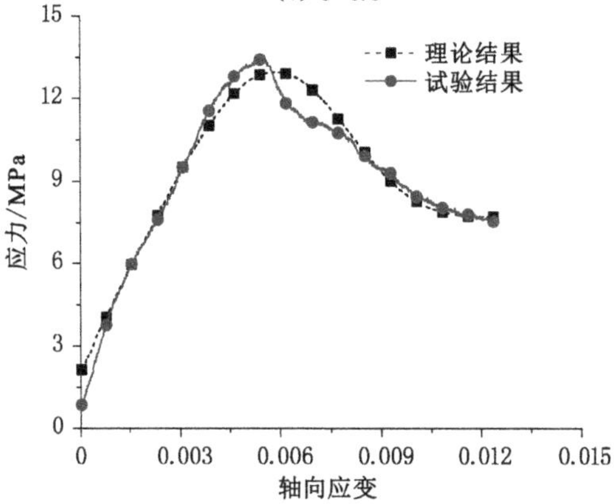

(c) δ=0.67

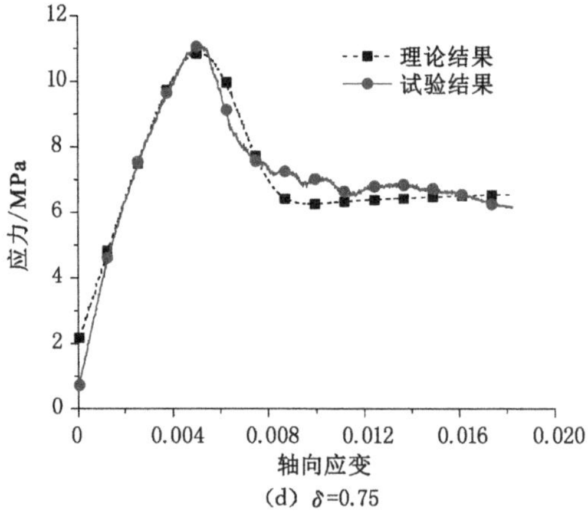

(d) δ=0.75

图 3-10(续)

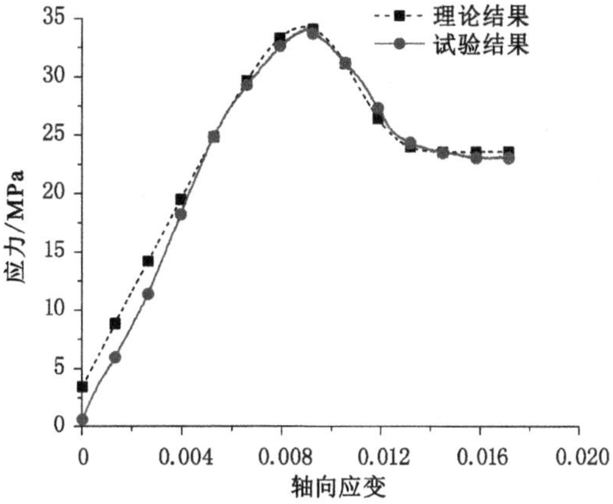

(a) δ=0.33

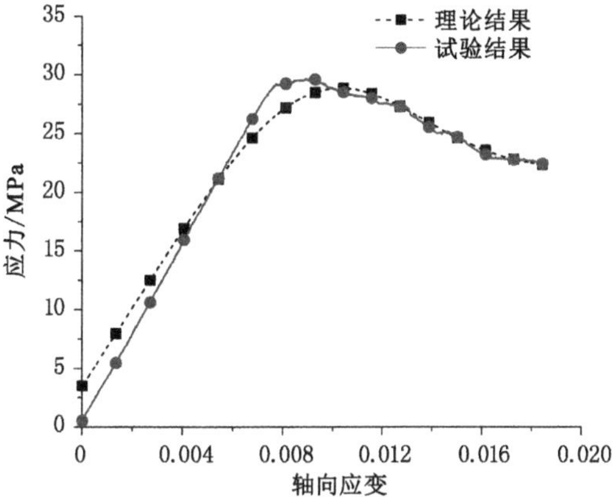

(b) δ=0.5

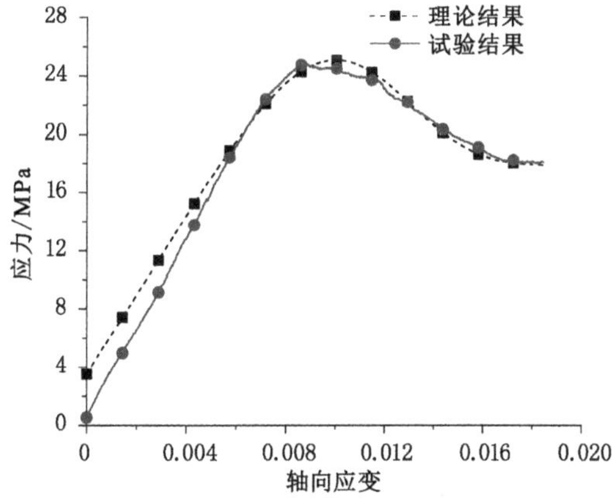

(c) δ=0.67

图 3-11　围岩压力为 10 MPa 时，煤岩组合体在不同 δ 值下的理论结果与试验结果对比

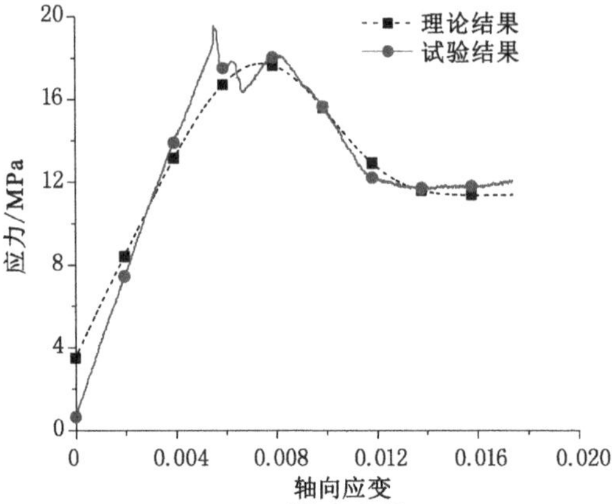

(d) δ=0.75

图 3-11(续)

由图 3-10 和图 3-11 可以看出，基于损伤体和牛顿体串联的煤岩组合体非线性损伤模型可以很好地反映不同围岩压力及不同 δ 值下的应变软化特性以及峰后强度残余的特征，理论结果与试验结果吻合较好，可以准确反映煤岩组合体的应力-应变特征。不同围岩压力下的非线性损伤模型参数计算值见表 3-3。

表 3-3　非线性损伤模型参数计算值

围岩压力 σ_3/MPa	δ 值	参数 F_0	参数 m_1	R^2
5	0.33	14.753 8	3.246 6	0.944
	0.50	13.550 8	5.978 0	0.906
	0.67	14.713 4	3.926 1	0.946
	0.75	12.756 5	4.936 2	0.961
10	0.33	21.999 7	5.855 5	0.901
	0.50	25.657 9	3.834 9	0.893
	0.67	27.191 8	4.551 4	0.875
	0.75	20.438 2	3.871 8	0.853

如表 3-3 所列，当围岩压力 σ_3 为 5 MPa 时，模型参数 F_0 的值在 12.756 5～14.753 8 之间，模型参数 m_1 的取值在 3.246 6～5.978 0 之间；当围岩压力为 10 MPa 时，模型参数 F_0 的值在 20.438 2～27.191 8 之间，模型参数 m_1 的取值在 3.834 9～5.855 5 之间。用最小二乘法对拟合结果进行分析，可见在 5 MPa 围岩压力下拟合优度 R^2 在 0.906～0.961 之间，在 10 MPa 围岩压力下拟合优

度 R^2 在 0.853～0.901 之间，拟合结果良好。

根据式(3-34)可解得煤岩组合体的损伤因子 D 的表达式为：

$$D=\frac{\sigma_1[(1-\delta)E_c+\delta E_r]-E_rE_c\varepsilon_1-[2\mu_r(1-\delta)E_c+2\mu_c\delta E_r]\sigma_3}{(1-\delta)E_c\sigma_1+\delta QE_r-E_rE_c\varepsilon_1-[2\mu_r(1-\delta)E_c+2\mu_c\delta E_r]\sigma_3} \quad (3\text{-}56)$$

将煤岩组合体的物理力学参数及应力-应变对应关系代入式(3-56)中，可以得到损伤因子 D 随应变的变化趋势如图 3-12 所示。由图 3-12 可以看出，煤岩组合体的损伤因子变化范围在 0～1 之间，在煤岩组合体变形初期，损伤因子基本为 0，随着变形增加，损伤因子持续增大，增加趋势较快，当 D 值接近 1 时趋势变缓。围岩压力不同，损伤因子的变化趋势也不同，5 MPa 围岩压力下，煤岩组合体的弹性阶段对应的变形量较小，因此损伤因子 $D=0$ 的阶段比围岩压力为 10 MPa 时短，且上升速率更大，$D=1$ 时对应的变形量更小，因此煤岩组合体非线性损伤模型可以预测不同围岩压力下岩体内部损伤的变化趋势。

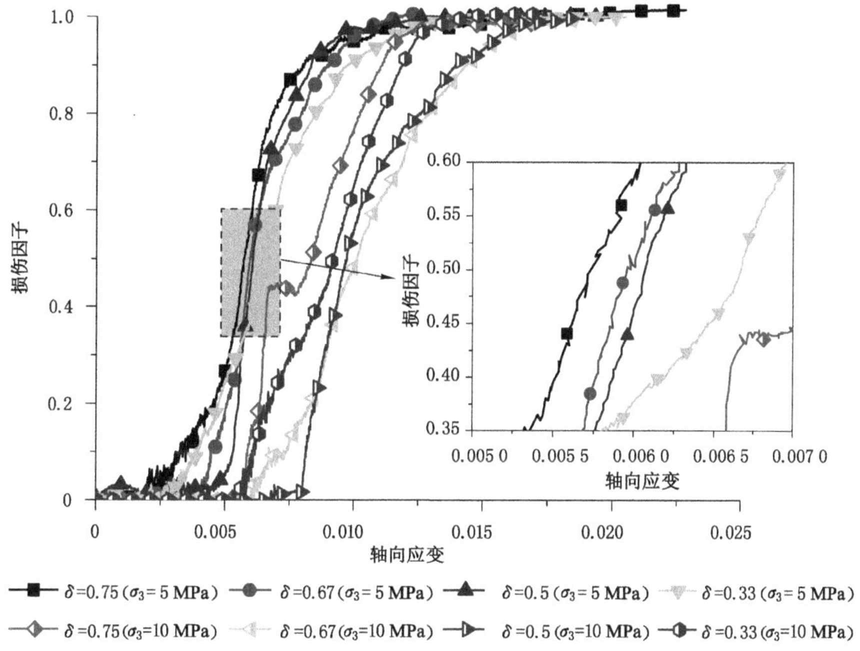

图 3-12　煤岩组合体损伤因子变化趋势

3.4　非线性损伤模型影响因素分析

利用提出的煤岩组合体非线性损伤模型，固定其余力学参数，通过分析峰值强度、峰后残余强度、峰后应力跌落速率的变化分别探讨煤岩组合体非线性损伤模型参数(包括煤岩的弹性模量及泊松比、煤岩组合体的黏聚力 c 以及基于威布尔分布表征组合体微元强度的参数 m_1 和 F_0)对煤岩组合体应力-应变关系的影响。

图 3-13(a)所示为岩石弹性模量改变对煤岩组合体应力-应变的影响趋势,保持煤样的弹性模量为 2 GPa、围岩压力为 5 MPa 以及其余参数不改变,逐渐升高岩石的弹性模量,可以看出岩石的弹性模量升高可以提高煤岩组合体的峰值强度,但升高的幅度很小,峰后应力跌落速率基本保持不变,煤岩组合体的峰后残余强度以及峰值应变不变。图 3-13(b)所示为岩石的泊松比变化对煤岩组合体应力-应变的影响趋势,可以看出岩石泊松比的改变对组合体的整体强度改变很小,峰后残余强度不变。

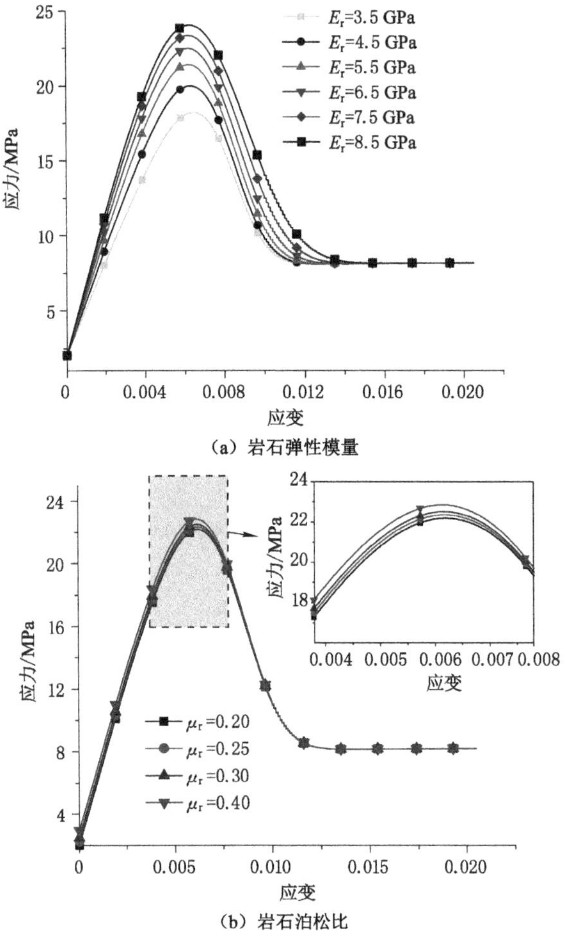

(a) 岩石弹性模量

(b) 岩石泊松比

图 3-13 岩石 E_r 和 μ_r 改变对煤岩组合体应力-应变的影响趋势

图 3-14(a)所示为煤体弹性模量改变对煤岩组合体应力-应变的影响趋势，保持岩石的弹性模量为 6 GPa、围岩压力为 5 MPa 不变，以每梯度 1 GPa 升高煤体的弹性模量。由图可以看出：煤体的弹性模量对煤岩组合体的峰值强度影响明显，升高幅度很大，峰后残余强度不变；煤体的弹性模量越小，峰后应力跌落速率就越小，说明煤岩组合体中强度较弱的煤是影响组合体整体强度的主控因素。由图 3-14(b)可以看出，煤体泊松比对强度的影响略大于岩石，但增长的幅度都很小。

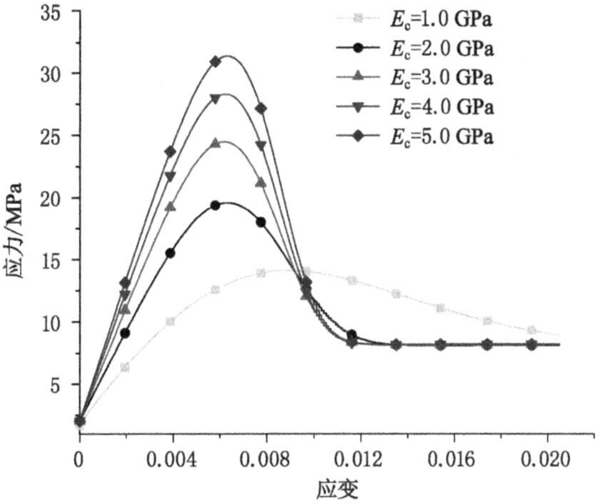

(a) 煤弹性模量

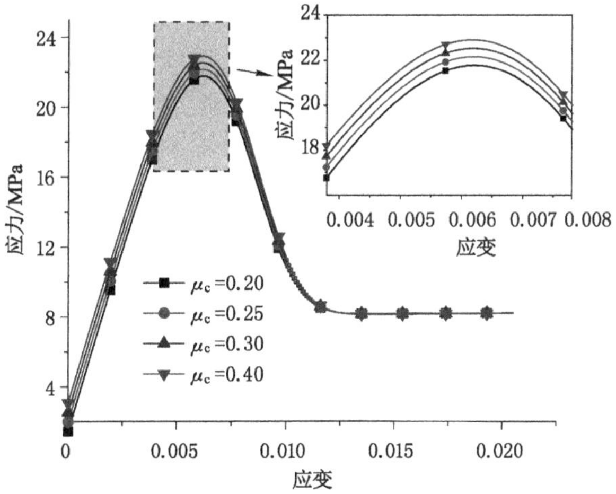

(b) 煤泊松比

图 3-14 煤体 E_c 和 μ_c 改变对煤岩组合体应力-应变的影响趋势

为了更直观地比较岩石及煤体弹性模量的改变对组合体整体强度的影响，引入应力增量比例 η，即岩石的弹性模量每升高 1 GPa 所引起的煤岩组合体峰值应力升高的比例，计算公式如下：

$$\eta = \frac{\sigma_{i+1} - \sigma_i}{\sigma_{i+1}} \tag{3-57}$$

式中 σ_{i+1}——第 $i+1$ 步的煤岩组合体峰值应力；

σ_i——第 i 步的煤岩组合体峰值应力。

由图 3-15 和图 3-16 可以看出：增加岩石的弹性模量，岩石的峰值应力增量比例较小，最大增量比例为 9.21%，最小增量比例为 2.93%，而煤体的弹性模量每增加 1 GPa，煤岩组合体的峰值应力最大增量比例为 33.65%，最小为 9.76%，说明煤岩组合体的峰值应力是由组合体中刚度较低的煤体决定的，煤体的刚度增加对煤岩组合体整体强度的提升效果明显，岩石的弹性模量升高对煤岩组合体整体强度的影响有限。同理可得岩石和煤体的泊松比改变引起煤岩组合体的应力增量比例依次为 0.72%、0.73%、0.98%和 1.63%、1.66%、1.69%，可见泊松比对煤岩组合体峰值应力增长幅度的影响很小。

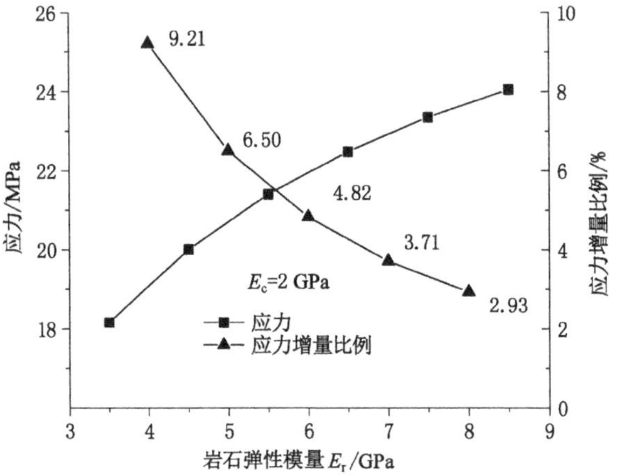

图 3-15　岩石弹性模量改变对煤岩组合体应力及应力增量比例的影响

煤岩组合体应力-应变趋势与损伤模型参数 m_1 和 F_0 的关系如图 3-17 和图 3-18 所示。由图 3-17 可以看出：m_1 值并不影响煤岩组合体弹性阶段的强度及变形情况，应力-应变趋势基本一致；随着参数 m_1 的增大，煤岩组合体到达屈服阶段对应的应力值和应变值都增加，煤岩组合体的峰值强度也逐渐增加，m_1 值越大峰后应力跌落速率越大，峰后残余强度最终趋于相同值。由图 3-18 可以看出：F_0 值并不影响煤岩组合体弹性阶段的强度及变形情况，应力-应变趋势基

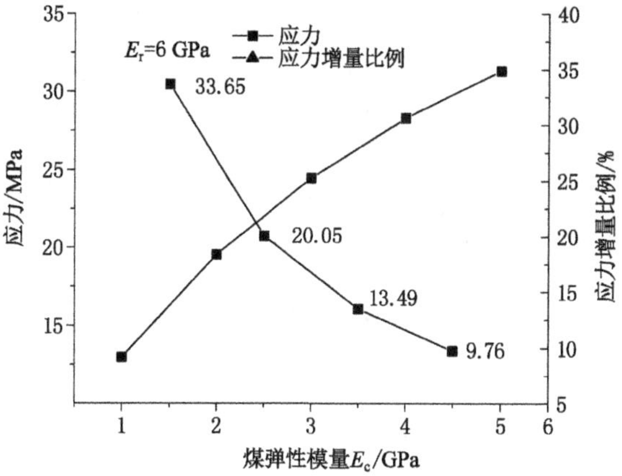

图 3-16　煤体弹性模量改变对煤岩组合体应力及应力增量比例的影响

本一致；F_0 值与煤岩组合体峰值强度呈正相关关系，随着 F_0 值的增加，峰后应力跌落速率也增加，但是增加幅度不大，最终不同 F_0 值的煤岩组合体的峰后残余强度趋于相同。

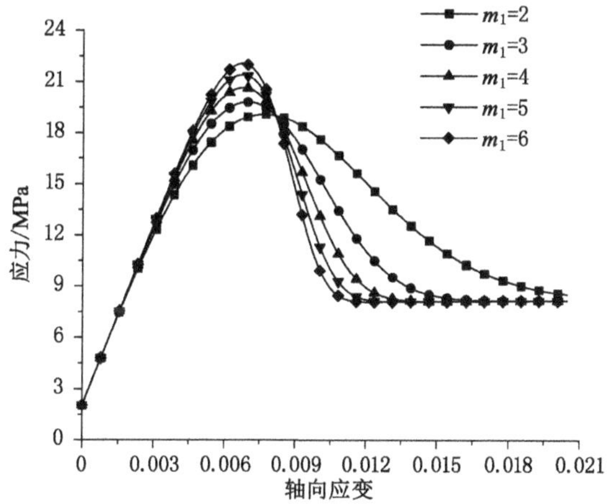

图 3-17　煤岩组合体应力应变趋势与损伤模型参数 m_1 的关系

黏聚力 c 是影响煤岩组合体强度的重要力学参数，对岩石数值模拟计算的参数选取以及岩石工程相关设计具有重要理论价值和实际意义，得到的煤岩组合体应力-应变趋势与损伤体黏聚力的关系如图 3-19 所示。由图 3-19 可以看出：随着黏聚力的增大，煤岩组合体峰值强度及峰后残余强度也升高，峰值强度升高的幅度逐渐增加，而峰后残余强度的增加幅度基本保持一致，峰后应力跌落

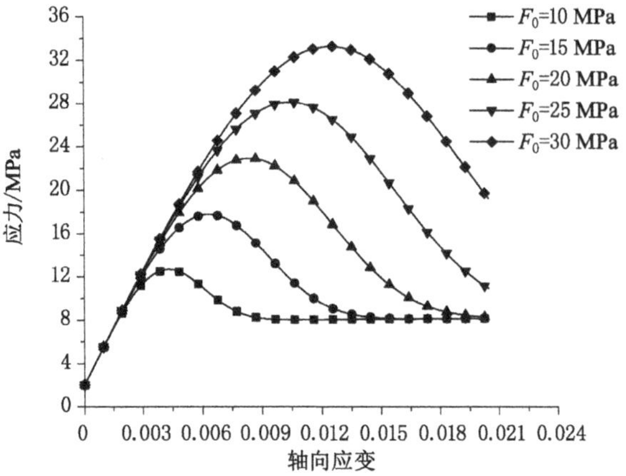

图 3-18 煤岩组合体应力-应变趋势与损伤模型参数 F_0 的关系

速率逐渐减小，峰前弹性阶段斜率也有一定程度地增加；黏聚力为 0 时，煤岩组合体的峰后残余强度也为 0，随着黏聚力达到一定值，峰后应力跌落速率逐渐为 0，煤岩组合体出现应变硬化的特征；在工程中，增大黏聚力可以增强围岩的峰值强度，以及达到破坏时的残余强度，起到控制围岩变形的效果。

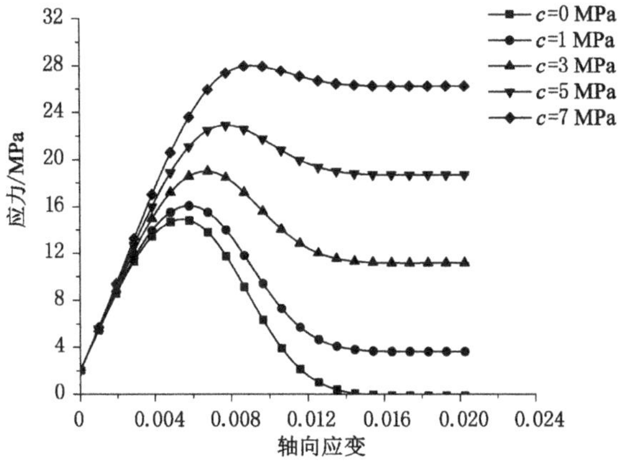

图 3-19 煤岩组合体应力-应变趋势与损伤体内聚力的关系

与之前的研究相比，本章节的研究主要集中在建立煤岩组合体损伤力学模型方面，介绍了模型各参数的求解方法及各参数对模型走向的影响趋势，将煤体的基本物理力学参数代入损伤方程中，很好地拟合了不同 δ 值的煤岩组合体应力-应变曲线。从结果来看，煤岩组合体的应力-应变趋势与纯煤试样是完全不同的，其峰值应力更大，峰值应变要更小。这为煤岩组合体的数值模拟分析及相应现场方案设计奠定了理论研究基础。

3.5　损伤本构模型的数值实现

本章推导的煤岩组合体非线性损伤模型分为两个部分，即岩体处于弹性阶段、煤体损伤和煤岩单体都损伤变形。根据式(3-22)，当岩体受的力未达到损伤阈值时，损伤体本构方程中损伤因子 D 为 0，因此两者从本质上来说都可以用损伤体模型来表达，在进行自定义损伤本构模型实现时可以直接将损伤体的本构方程[式(3-22)]改写为三维差分形式，实现自定义程序的编写。

FLAC3D 中内置的 FISH 语言非常强大，几乎可以实现所有自定义建模工作；将自定义本构模型采用 C++ 语言进行编译后生成动态链接库文件(DLL)，编译形成的 DLL 文件和软件自带的本构模型(如 M-C 模型和 D-P 模型)具有相同的执行等级，DLL 文件必须使用 Visual Studio 2010 以上版本编译才能在 FLAC3D 中执行[199-200]，显式拉格朗日计算循环流程如图 3-20 所示。

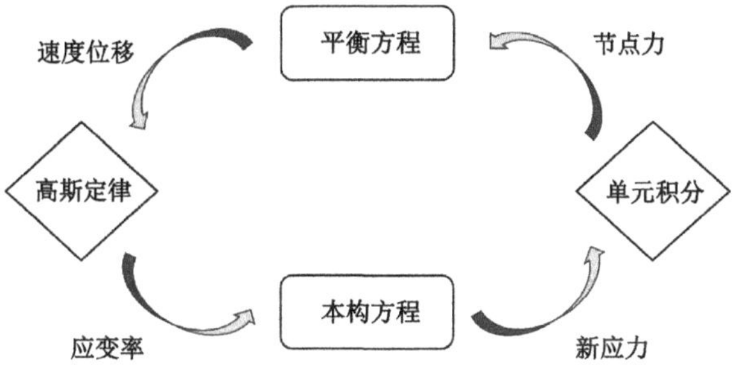

图 3-20　显式拉格朗日计算流程图

3.5.1　自定义本构方程的三维差分形式

采用中心差分法总应力张量 $\boldsymbol{\sigma}_{ij}$ 和球应力张量 $\boldsymbol{\sigma}_{\mathrm{m}}$ 与偏应力张量 $\boldsymbol{S}_{ij}$ 之间的关系可以表示如下：

$$\boldsymbol{\sigma}_{ij}=\boldsymbol{S}_{ij}+\boldsymbol{\sigma}_{\mathrm{m}}\boldsymbol{\delta}_{ij} \tag{3-58}$$

式中　δ_{ij}——Kronecker delta 符号。

偏应变张量增量的分量可以表示如下：

$$\begin{cases} de_x = d\varepsilon_x - d\varepsilon_m \\ de_y = d\varepsilon_y - d\varepsilon_m \\ de_z = d\varepsilon_z - d\varepsilon_m \\ d\gamma_{xy} \\ d\gamma_{xz} \\ d\gamma_{yz} \end{cases} \tag{3-59}$$

在弹性阶段，偏应力张量和偏应变张量的比值为常数 $2G$，G 为剪切模量。其三维张量形式表示如下：

$$\boldsymbol{S}_{ij} = 2G\boldsymbol{e}_{ij} \tag{3-60}$$

在时间步 Δt 内，偏应力张量增量和偏应变张量增量之间的关系为：

$$\Delta\boldsymbol{\sigma}_{ij} = 2G\Delta\boldsymbol{e}_{ij} + 3K\Delta\boldsymbol{\varepsilon}_{m}\delta_{ij} \tag{3-61}$$

即：

$$\Delta\boldsymbol{\sigma}_{ij} = 2G\Delta\boldsymbol{e}_{ij} + K\Delta\boldsymbol{\varepsilon}_{kk}\delta_{ij} \tag{3-62}$$

式中 $\boldsymbol{S}_{ij}$——偏应力张量；

$\boldsymbol{e}_{ij}$——偏应变张量；

$\Delta\boldsymbol{e}_{ij}$——偏应变张量增量；

$\boldsymbol{\sigma}_{ij}$——t 时刻的总应力张量；

$\Delta\boldsymbol{\sigma}_{ij}$——$t$ 时刻的总应力张量增量。

又因：

$$\sigma_{c1} = (1-D)E_c\varepsilon_{c1} + 2(1-D)\mu_c\sigma_{c3} + DQ \tag{3-63}$$

在时间步 Δt 内，损伤体的偏应力张量增量和偏应变张量增量之间的关系可以改写为：

$$\Delta\boldsymbol{\sigma}_{ij} = 2(1-D_t)G\Delta\boldsymbol{e}_{ij} + K(1-D_t)\Delta\boldsymbol{\varepsilon}_{kk}\delta_{ij} + D_tQ_t \tag{3-64}$$

用“N”表示一个时间增量步内的新偏应力状态，即第 i 步的应力，用“O”表示一个时间步内的旧偏应力状态，即第 $i-1$ 步的应力，则有：

$$\bar{\boldsymbol{S}}_{ij} = \frac{\boldsymbol{S}_{ij}^{N} + \boldsymbol{S}_{ij}^{O}}{2} \tag{3-65}$$

$$\bar{\boldsymbol{e}}_{ij} = \frac{\boldsymbol{e}_{ij}^{N} + \boldsymbol{e}_{ij}^{O}}{2} \tag{3-66}$$

$$\Delta\boldsymbol{e}_{ij} = \boldsymbol{e}_{ij}^{N} - \boldsymbol{e}_{ij}^{O} \tag{3-67}$$

式中 $\bar{\boldsymbol{S}}_{ij}$，$\boldsymbol{S}_{ij}^{N}$，$\boldsymbol{S}_{ij}^{O}$——一个时间增量步内的平均偏应力和新、旧偏应力；

$\bar{\boldsymbol{e}}_{ij}$，$\boldsymbol{e}_{ij}^{N}$，$\boldsymbol{e}_{ij}^{O}$——一个时间增量步内的平均偏应变和新、旧偏应变。

则根据以上公式，煤岩组合体中煤的损伤本构模型的差分形式可以改写为式(3-68)和式(3-69)：

$$\boldsymbol{\sigma}_{\mathrm{m}}^{\mathrm{N}} = \frac{1}{3}\boldsymbol{\sigma}_{kk}^{\mathrm{O}} + A\Delta\boldsymbol{\varepsilon}_{kk}\delta_{ij} \tag{3-68}$$

$$\boldsymbol{S}_{ij}^{\mathrm{N}} = \boldsymbol{S}_{ij}^{\mathrm{O}} + B\Delta\boldsymbol{e}_{ij} \tag{3-69}$$

其中：

$$A = \frac{GKE(1 - D_{\mathrm{t}})}{6KE + 2GED_{\mathrm{t}} - 3KGD_{\mathrm{t}}(1 + 2k_{\mathrm{pt}}) - 9GK} \tag{3-70}$$

$$B = \frac{3KGE(1 - D_{\mathrm{t}})}{GE + 3KED_{\mathrm{t}} + 3KGD_{\mathrm{t}}(k_{\mathrm{pt}} - 1)} \tag{3-71}$$

式中　G——剪切模量；

K——体积模量；

D_{t}——损伤因子。

3.5.2　自定义本构模型的失稳准则及流动法则

煤岩组合体中煤的破坏分为拉伸破坏和剪切破坏，因此构建本构模型需要引入岩石的屈服准则，本书所构建的煤岩组合体中煤的损伤本构模是在 M-C 模型基础上进行二次开发的，FLAC3D 中规定了应力大小及正负号的含义（以拉应力为正、压应力为负），且 $\sigma_1 < \sigma_2 < \sigma_3$。则修正的 M-C 强度准则在（$\sigma_1$，$\sigma_3$）的坐标系中可以表示为图 3-21。

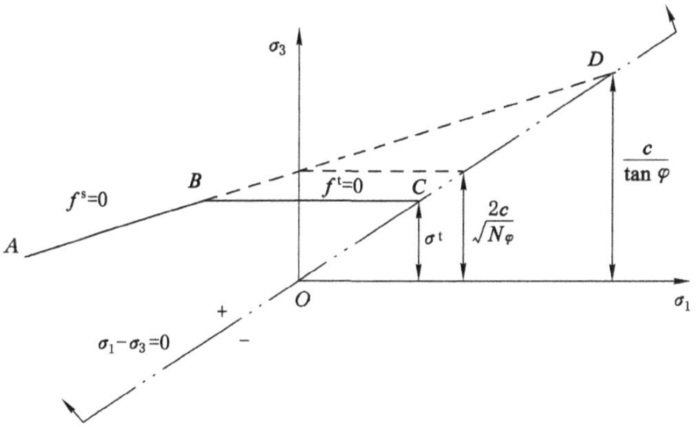

图 3-21　M-C 强度准则

图 3-21 中，AB 段表示岩石的峰后屈服函数，其表达式可以定义为：

$$f^{\mathrm{s}} = \sigma_1 - N_{\varphi}\sigma_3 + 2c_{\mathrm{t}}\sqrt{N_{\varphi}} = 0 \tag{3-72}$$

其中：

$$N_{\varphi} = \frac{1 + \sin\varphi_{\mathrm{t}}}{1 - \sin\varphi_{\mathrm{t}}}$$

式中　c_t——岩石的黏聚力；

φ_t——岩石的内摩擦角。

岩石内部产生剪切破坏时，采用非关联流动法则，对应的剪切塑性势函数为：

$$g^{ds} = \sigma_1 - N_\psi \sigma_3 \tag{3-73}$$

其中：

$$N_\psi = \frac{1 + \sin \psi_t}{1 - \sin \psi_t} \tag{3-74}$$

式中　g^{ds}——岩石剪切塑性势函数；

ψ_t——岩石的剪胀角。

BC 段表示岩石的抗拉强度屈服函数，其表达式可以定义为：

$$f^t = \sigma^t - \sigma_3 = 0 \tag{3-75}$$

式中　σ^t——岩石的抗拉强度。

岩石内部产生拉伸破坏时，采用关联流动法则，对应的拉伸塑性势函数为：

$$g^t = -\sigma_3 \tag{3-76}$$

式中　g^t——岩石拉伸塑性势函数。

联立式(3-72)、式(3-73)及 $\sigma_1 = \sigma_3$ 可求得抗拉强度为：

$$\begin{cases} \sigma_1^t = \dfrac{c_t}{\sqrt{N_\varphi}} \\ \sigma_{max}^t = \dfrac{c_t}{\tan \varphi_t} \end{cases} \tag{3-77}$$

引入函数 $h(\sigma_1, \sigma_3) = 0$，将该函数定义为直线 $f^s = 0$ 和 $f^t = 0$ 的角平分线，将 ABC 区域分为域Ⅱ和域Ⅲ，函数 $h(\sigma_1, \sigma_3) = 0$ 的表达式为：

$$h(\sigma_1, \sigma_3) = \sigma_3 - \sigma^t + \alpha^p (\sigma_1 - \sigma^p) \tag{3-78}$$

式中，α^p 和 σ^p 为常量，表达式为：

$$\sigma^p = \sigma^t N_\varphi - 2c_t \sqrt{N_\varphi} \tag{3-79}$$

$$\alpha^p = \sqrt{1 + N_\varphi^2} + N_\varphi \tag{3-80}$$

图 3-22 所示为定义流动法则的域，据图可以判断模型中某点的屈服状态：若该点位于域Ⅱ中，则表示此点为剪切屈服，符合式(3-73)推导的流动法则，该点的应力状态满足 $f^s < 0, h < 0$；若该点位于域Ⅲ中，则表示该点处于拉伸屈服状态，符合式(3-76)推导的流动法则，该点的应力状态满足 $f^t < 0, h \geqslant 0$。

3.5.3　自定义本构模型的计算流程

损伤本构模型的二次开发工作最主要的是关于本构模型运算的函数

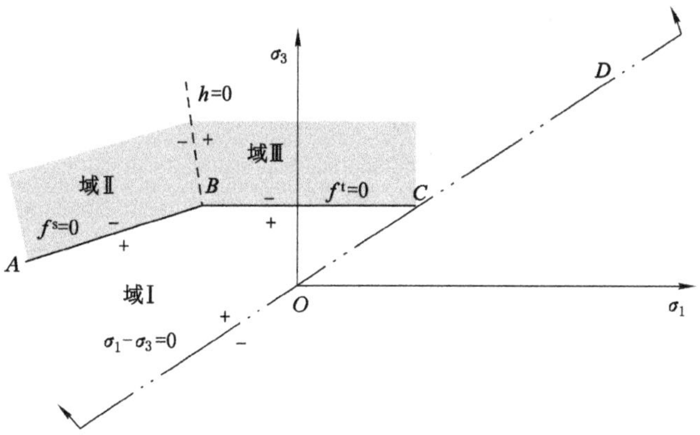

图 3-22　定义流动法则的域

Const Char* Run(unsigned uDim, State* ps)，即根据应变增量计算应力增量的函数；模型的注册主要以编译好的头文件(.h)、源文件(.cpp)、资源文件(.rc)和外部依赖项生成动态链接库文件(.dll)，以便调用。

自定义本构模型计算流程如图 3-23 所示，具体表示如下：

(1) 给模型单元的状态变量赋初始值。

(2) 根据应变增量，依据自定义本构增量方程，计算得到单元新的偏应力、偏应变和总应力、总应变。

(3) 判断模型是否达到损伤状态，若达到损伤状态，更新损伤因子。

(4) 判断模型是否达到屈服状态，若达到屈服状态，判断其破坏状态是拉伸破坏还是剪切破坏。

(5) 若为剪切破坏，采用非关联流动法则对应力进行修正；若为拉伸破坏，采用关联流动法则对应力进行修正。

(6) 利用修正后的新应力计算不平衡力、节点速率和位移等。

(7) 采用 FLAC3D 主程序判断不平衡力是否收敛，若不收敛，利用更新的损伤因子返回至第二步；否则，程序结束。

3.5.4　数值验证

本构模型的二次开发是基于 Visual Studio 2019 平台构建的，打开包含自定义本构模型的头文件(.h)和源文件(.cpp)，在头文件中加入定义的私有变量信息，在源文件中加入常数及中间变量的定义声明，Initialize()函数、run()函数，以及根据计算流程加入模型计算所需要的塑性识别和应力修正的代码，run()函数是本构模型实现的主体部分，包含应力和应变张量的更新，代码编写完成后点

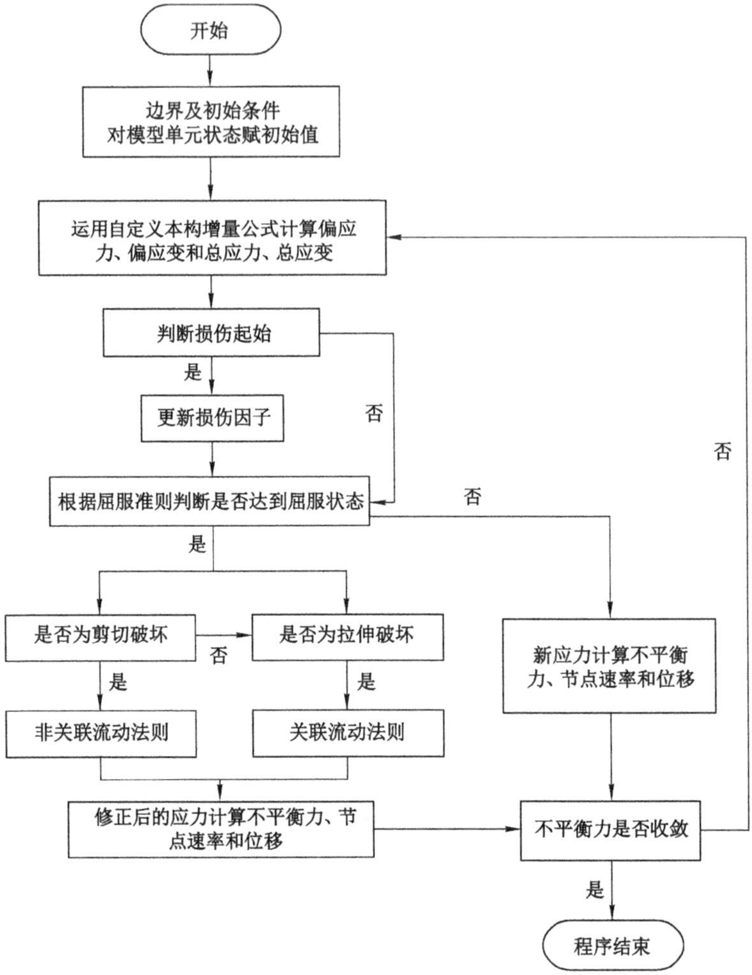

图 3-23　自定义本构模型计算流程图

击生成“.dll”动态链接库，将其复制到 FLAC3D 的安装文件夹“exe64”中，并在 FLAC3D 中进行装载，装载命令为 config umdcpp & model load wtmodel.dll，部分编写代码、生成文件以及模型装载如图 3-24 所示。

本构模型装载完成后需要对其计算结果和试验结果进行验证，建立的模型与试验试样的尺寸应尽量相同，本次数值模拟建立的数值模型以 δ 值为 0.5 计算，即岩石高度为 50 mm、煤体高度为 50 mm，两种试样的直径都为 50 mm，如图 3-25 所示。先在模型周围施加应力边界条件，加载的围岩压力 σ_3 分别为 5 MPa 和 10 MPa，轴向加载速度为 1×10^{-7} mm/step，F_0 和 m_1 依据表 3-3 取值，模拟试验所选择的岩石物理力学参数与试验保持一致，具体见表 3-4。

图 3-24　自定义本构模型的开发调试与运行装载

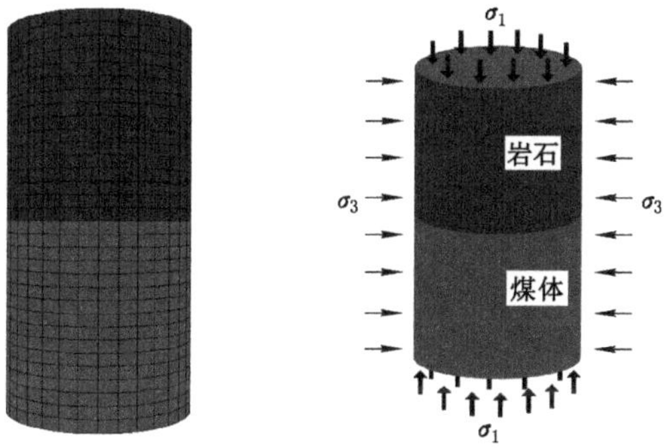

(a) FLAC3D建模　　(b) 模型加载

图 3-25　常规三轴数值计算模型及加载

表 3-4　岩石物理力学参数

组合岩体	E/GPa	μ	φ/(°)	c/MPa
煤体	1.22	0.33	8	13.24
岩石	6.88	0.28	35	2.52

采用不同本构模型进行煤岩组合体模型加载试验，图 3-26 和图 3-27 分别表示围岩压力为 5 MPa 和围压压力为 10 MPa 时煤岩组合体的应力分布云图和

应力-应变曲线，图 3-28 和图 3-29 分别为 M-C 和自定义本构模型在不同围岩压力下与试验曲线的拟合情况。

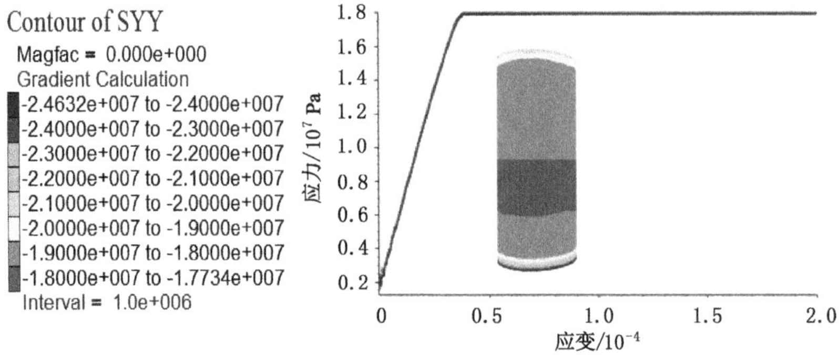

(a) M-C本构模型

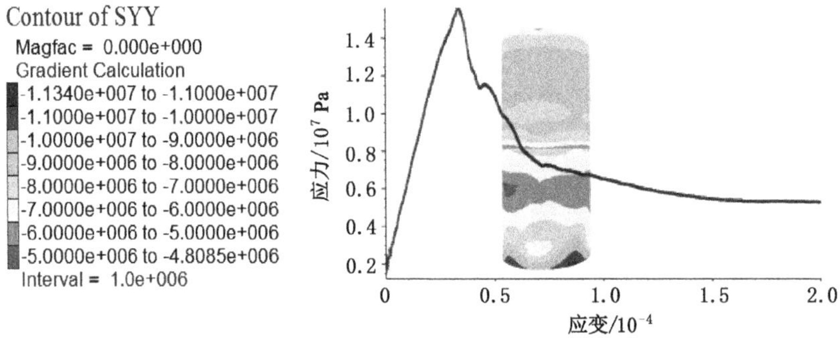

(c) 自定义本构模型

图 3-26　围岩压力为 5 MPa 时模型变形及应力-应变趋势

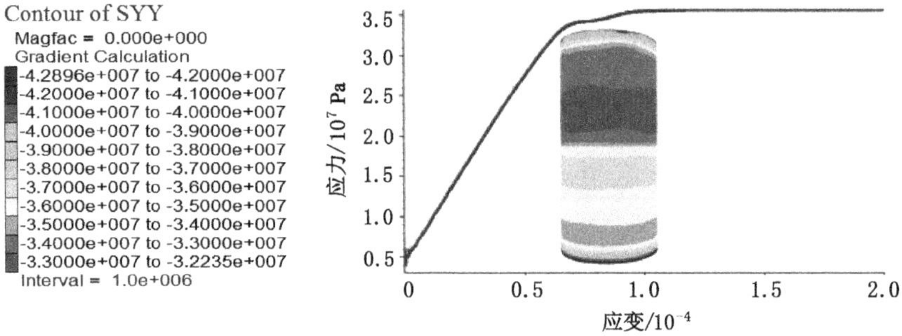

(a) M-C本构模型

图 3-27　围岩压力为 10 MPa 时模型变形及应力-应变趋势

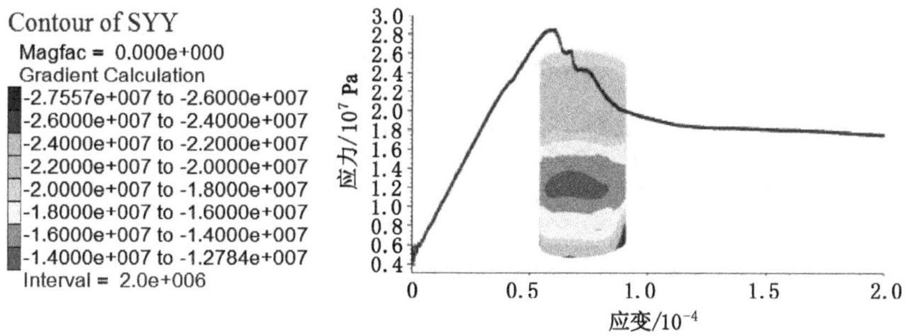

(c) 自定义本构模型

图 3-27(续)

从图 3-26 和图 3-27 中可以看出,采用 M-C 本构模型的煤岩组合体应力分布相对均匀,而自定义本构模型的应力明显为分区域降低的趋势,煤体中有明显的低应力区域。这是因为自定义本构模型在材料达到屈服后应力随加载是逐渐衰减的,这在其应力-应变曲线上也能体现出来。

从图 3-28 和图 3-29 中可以看出,采用 M-C 本构模型的煤岩组合体初始时一直保持线弹性状态,应力-应变比值为恒定值,当达到塑性状态后应力保持不变,应变不断增加,这是因为 M-C 本构模型是理想的弹塑性模型,达到峰值应力后保持理想的塑性流动特征,这与岩石实际的应力-应变关系区别较大。

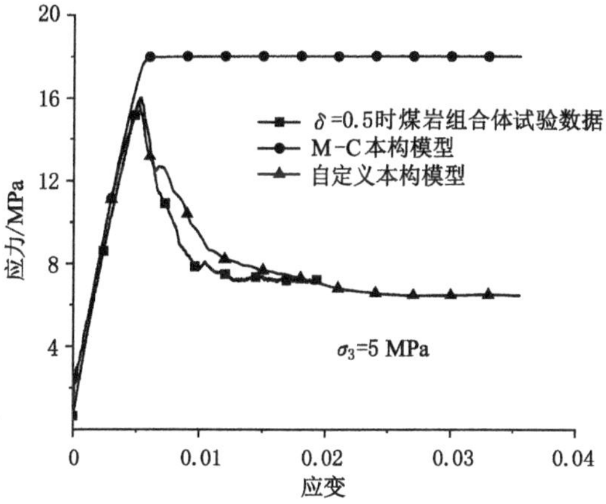

图 3-28　围岩压力为 5 MPa 时自定义本构模型和 M-C 本构模型与试验曲线的拟合情况

在两种围岩压力下,用 M-C 本构模型计算的煤岩组合体的峰值应力和峰值应变分别为 17.98 MPa、0.006 和 33.97 MPa、0.012;用自定义本构模型计算的

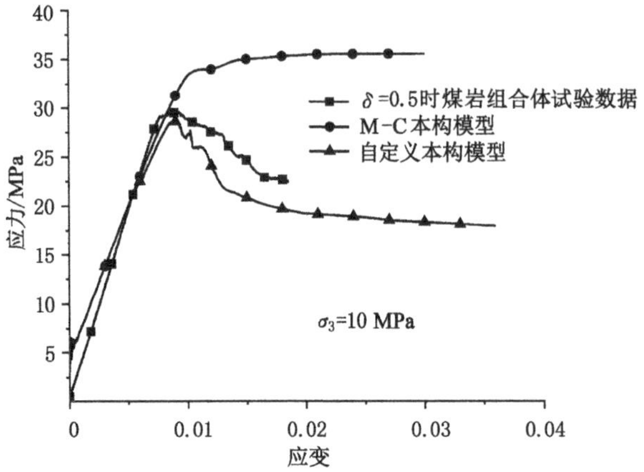

图 3-29　围岩压力为 10 MPa 时自定义本构模型和 M-C 本构模型与试验曲线的拟合情况

应力和峰值应变分别为 15.82 MPa、0.005 07 和 28.73 MPa、0.008 95；试验对应的峰值应力和峰值应变分别为 16.02 MPa、0.005 3 和 29.6 MPa、0.009 3。M-C 本构模型计算结果与试验值相差较大，峰值应力差值最大达到 14.8%，峰值应变最大相差 29.0%，而自定义本构模型对应的峰值应力和峰值应变差值最大分别为2.9%和 4.3%。峰后残余强度自定义本构模型对试验曲线的拟合也明显好于 M-C 本构模型，因此综合图 3-26～图 3-29 可以看出，与 M-C 本构模型相比，自定义本构模型可以更好地反映岩石的应力、应变发展情况，以及体现地下空间围岩体的受力和变形特征。

3.6　本章小结

本章根据试验数据建立了考虑阈值的煤岩组合体非线性损伤模型，很好地模拟了煤岩组合体应变软化过程，且与试验数据拟合良好，主要结论如下：

(1) 根据试验结果，将煤岩组合体分为弹性体和损伤体串联的两部分，并用含损伤阈值的岩石微元强度的度量方法定义损伤体的损伤起始点。

(2) 建立了不同 δ 值的煤岩组合体非线性损伤模型，对不同的 δ 值在不同围岩压力下的破坏失效情况进行模拟分析，并给出了煤岩组合体损伤模型参数的求解方法及对应力-应变关系的影响效果。

(3) 模型很好地拟合了不同 δ 值的煤岩组合体应力-应变曲线；损伤因子的变化范围在 0～1 之间，变形的弹性阶段损伤因子基本为 0，且围岩压力越大，损伤因子的上升趋势越平缓。

(4) 参数 m_1 和 F_0 值与煤岩组合体的峰值强度、峰后应力跌落速率呈正相关关系，但 m_1 对峰后应力跌落速率影响更明显，不同的 m_1 和 F_0 对应的煤岩组合体峰后残余强度最终趋于相同值；煤体的弹性模量越高，煤岩组合体的峰值强度越大；提高围岩的黏聚力可以增强围岩的峰值强度，以及达到破坏时的残余强度，起到控制围岩变形的效果。

(5) 推导了损伤体本构模型的三维差分形式，并在 FLAC3D 软件中实现本构方程的二次开发，自定义本构模型的模拟结果与试验数据拟合良好，优于 M-C 本构模型。

第4章　高应力巷道含层理围岩变形机理研究

巷道布置时不可避免地需要将一些巷道布置在两种不同岩性的围岩条件中。与布置在单一岩层条件不同，含层理巷道中由于煤体强度低、变形量大，尤其是在巷道煤帮少了侧向支撑的条件下，煤帮向支撑强度低的巷道内挤出，使巷道产生非连续的大变形特征。以往研究类似巷道的变形规律时，往往没有考虑煤层和顶板岩层层理面的作用，岩石的本构模型通常设为 M-C 本构模型，这与岩石的实际赋存状态和应力-应变趋势是不同的，不能准确描述巷道围岩应力变形特点，也不能反映巷道围岩的变形机理。本章节在第 3 章自定义本构模型开发的基础上，针对巷道的赋存特征，以选取的本构模型、有无界面、界面位置、界面强度、围岩岩性以及巷道侧向压力系数等为变量揭示含层理巷道围岩变形机理，为巷道围岩控制提供理论依据。

4.1　数值模型建立及模拟方案设计

4.1.1　模型建立

作者分别选取 M-C 本构和自定义本构模型，建立的巷道三维模型如图 4-1 所示。模型的尺寸(长×宽×高)为 83 m×15 m×55 m，共划分 27 000 个单元、33 124 个节点；巷道尺寸(宽×高)为 3 m×3 m，巷道共分 5 次开挖，每次开挖 3 m。

4.1.2　模型的边界条件

巷道模型的边界条件设置如图 4-2 所示：

(1) 模型底面边界施加固定约束；

(2) 模型的四周施加水平位移约束；

(3) 在模型顶部施加覆岩的等效载荷。

覆岩载荷计算公式如下：

$$\sigma_z = \gamma H \tag{4-1}$$

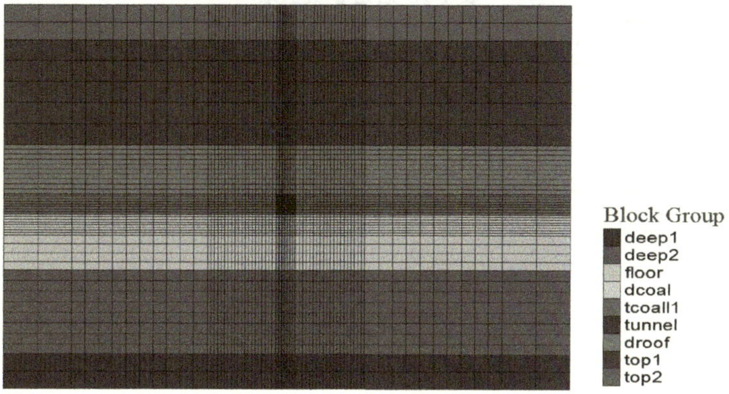

图 4-1　巷道三维模型

图 4-2　FLAC3D 模型边界条件

式中　γ——模型的平均容重，取值 25 kN/m；

H——模型的覆岩厚度，取值 400 m。

4.1.3　模型参数选择

模型顶板岩石和煤体按照第 2 章节试验得到的物理力学参数选取，其余岩层物理力学参数选择见表 4-1。

表 4-1 岩层参数选取

组合岩体	E/GPa	μ	φ/(°)	c/MPa	层厚/m
细砂岩	9.57	0.25	30	3.12	5
中砂岩	7.73	0.25	30	2.86	15
泥岩	6.88	0.28	35	2.12	7
煤	1.22	0.33	8	1.43	6
泥岩	6.88	0.28	35	2.12	5
细砂岩	9.57	0.25	30	3.12	12
中砂岩	7.73	0.25	30	2.86	5

4.1.4 模型方案设计

本章节在第 3 章自定义本构模型开发的基础上，针对巷道的赋存特征，以选取的本构模型、有无界面、巷道埋深、界面位置、界面强度、围岩岩性以及巷道侧向压力系数等为变量，选取 M-C 本构和自定义本构模型。图 4-3 为模拟方案中的参数及方案信息。

模拟方案及围岩监测信息内容如下：

(1) M-C 本构和自定义本构模型在有无界面两种情况下的变形和应力分布情况；

(2) 不同埋深载荷下巷道变形量和应力分布情况以及巷道塑性区分布范围；

(3) 围岩界面切向刚度、界面位置对巷道变形的影响；

(4) 顶板岩性对巷道围岩变形及应力分布的影响；

(5) 侧向压力系数对巷道变形失稳的影响过程。

4.2 界面对巷道应力及变形规律的影响

本节选取 M-C 本构和自定义本构模型建立不同埋深载荷下的巷道模型。巷道尺寸(宽×高)为 3 m×3 m，模拟选取的围岩侧向压力系数为 1(即垂直应力和水平应力相等)，加载载荷对应的埋深分别为 300 m、350 m、400 m、450 m、500 m、550 m。

4.2.1 无煤岩界面时巷道应力分布及变形影响规律

4.2.1.1 无界面巷道围岩应力分布规律

提取 M-C 本构和自定义本构模型得到的巷道围岩应力分布图，并绘出应力

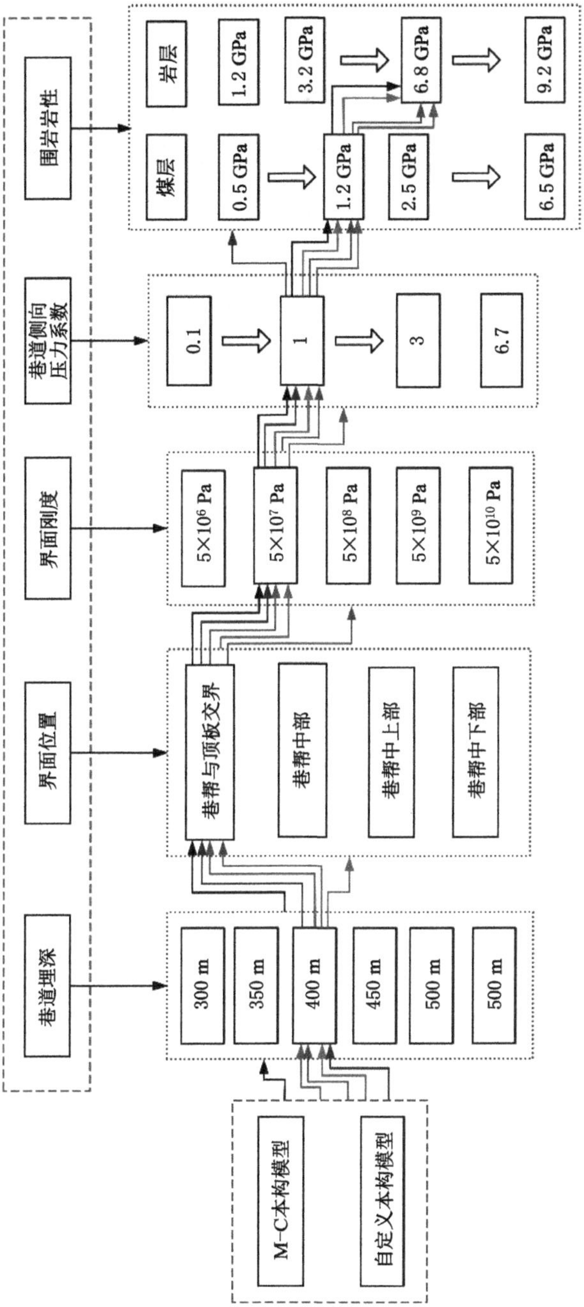
巷道埋深
界面位置
界面刚度
巷道侧向压力系数
围岩岩性
300 m
350 m
400 m
450 m
500 m
500 m
巷帮与顶板交界
巷帮中部
巷帮中上部
巷帮中下部
5×10^6 Pa
5×10^7 Pa
5×10^8 Pa
5×10^9 Pa
5×10^{10} Pa
0.1
1
3
6.7
煤层
0.5 GPa
1.2 GPa
2.5 GPa
6.5 GPa
岩层
1.2 GPa
3.2 GPa
6.8 GPa
9.2 GPa
M-C本构模型
自定义本构模型

图4-3 模拟方案设计

等值线,如图 4-4 和图 4-5 所示。

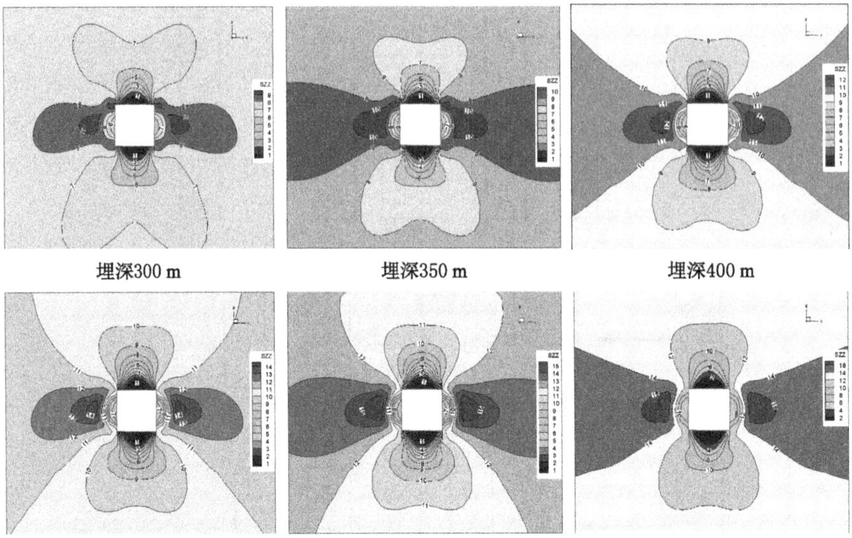

埋深300 m　埋深350 m　埋深400 m

埋深450 m　埋深500 m　埋深550 m

图 4-4　M-C 本构模型巷道垂直应力分布

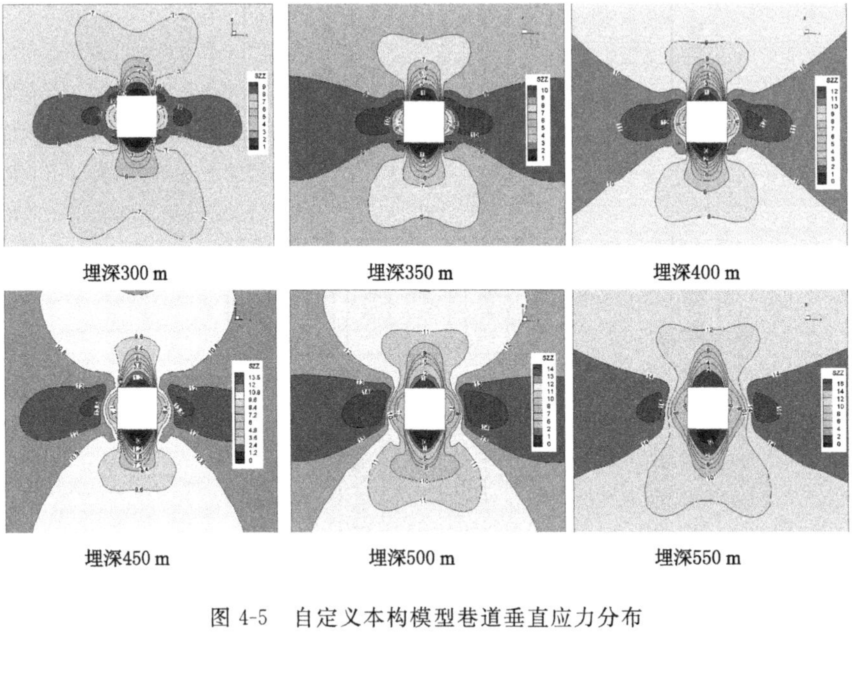

埋深300 m　埋深350 m　埋深400 m

埋深450 m　埋深500 m　埋深550 m

图 4-5　自定义本构模型巷道垂直应力分布

由图 4-4 可以看出：M-C 本构条件下巷道最大垂直应力主要分布在煤柱两帮，深入煤柱内部 1.2～2.7 m，并随着埋深加大，高应力集中区域逐渐增大，并向煤柱内部转移；巷道两帮及顶底板附近为应力降低区，实际应力低于加载应力值。

由图 4-5 可以看出：同 M-C 本构模型一样，自定义本构模型条件下巷道最大垂直应力也主要分布在煤柱两帮，深入煤柱内部 1.2～3.0 m，应力集中区域随着埋深加大而增大，并逐渐向煤柱内部转移，且应力峰值点更偏向煤柱内部；巷道两帮及顶底板附近为应力降低区，实际应力低于加载应力值。

限于篇幅，此处不再展示水平应力分布云图，对两种本构模型下巷道围岩中的垂直应力和水平应力峰值进行提取，分析不同本构模型下巷道围岩应力峰值及应力集中系数随埋深的变化关系，见表 4-2。

表 4-2　应力峰值及应力集中系数

本构模型	应力峰值/集中系数	埋深/m					
		300	350	400	450	500	550
M-C 本构模型	水平应力峰值/MPa	14.88	16.50	17.57	18.03	18.29	20.38
	应力集中系数	1.98	1.89	1.76	1.60	1.46	1.48
	垂直应力峰值/MPa	10.74	11.40	13.03	14.76	16.47	18.58
	应力集中系数	1.43	1.30	1.30	1.31	1.32	1.35
自定义本构模型	水平应力峰值/MPa	12.47	12.94	14.80	17.64	18.92	23.65
	应力集中系数	1.66	1.48	1.48	1.57	1.51	1.72
	垂直应力峰值/MPa	11.21	11.61	12.64	14.35	16.44	17.81
	应力集中系数	1.49	1.33	1.26	1.28	1.32	1.30

从表 4-2 中可以看出：采用 M-C 本构模型比自定义本构模型的应力峰值略高，水平应力峰值高平均约 6%，垂直应力高平均约 1%；两种本构模型在各埋深下的应力集中系数相差不大，水平应力集中系数在 1.46～1.98 之间，垂直应力集中系数在 1.26～1.49 之间。自定义本构模型在相同埋深下，应力集中区域要略大于 M-C 本构模型，且 550 m 埋深时 M-C 本构模型最大应力集中区域帮部达到 2.7 m，自定义本构模型则为 3.0 m。

4.2.1.2　无界面巷道围岩变形规律

当巷道两帮和顶板之间不存在界面时，巷道帮部和顶板视为整体，模型在加载过程中不会出现相对滑动。在巷道周边布置位移监测点，监测点布置如图 4-6 所示。

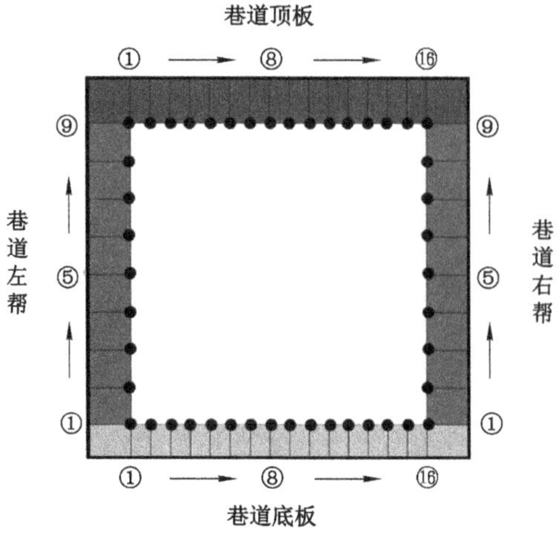

图 4-6　巷道位移监测点

巷道两帮分别布置 9 个监测点，顶底板布置 16 个监测点，监测点分别为巷道周边的节点。巷道两帮相邻测点间隔 0.375 m，顶底板相邻测点间隔 0.2 m，监测得到巷道围岩位移变形统计结果如图 4-7～图 4-9 所示：其中巷道两帮的变形具有对称性，只选取左帮位移监测点数据进行说明。

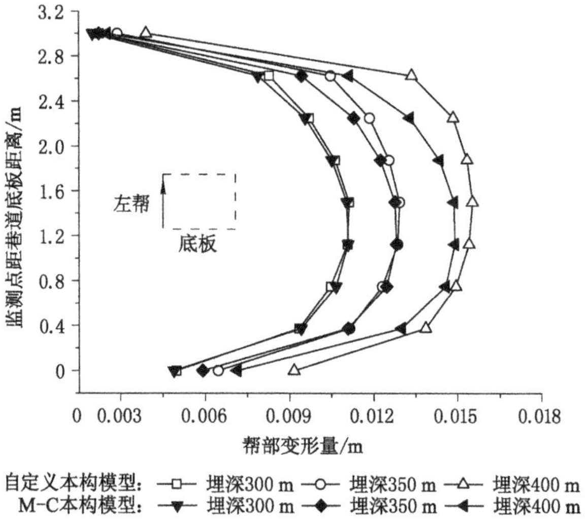

(a) 埋深分别为300 m、350 m、400 m

图 4-7　不同本构模型下埋深对巷道帮部位移的影响

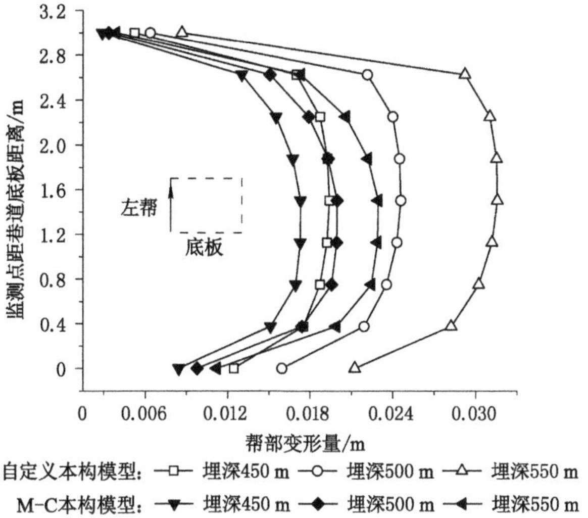

（b）埋深分别为450 m、500 m、550 m

图 4-7(续)

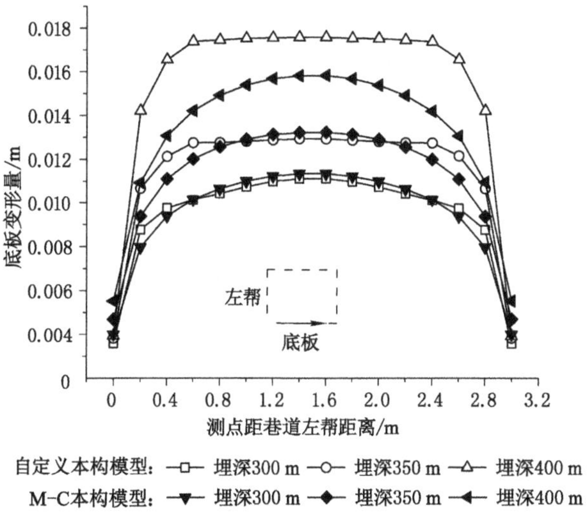

（a）埋深分别为300 m、350 m、400 m

图 4-8　不同本构模型下埋深对巷道底板位移的影响

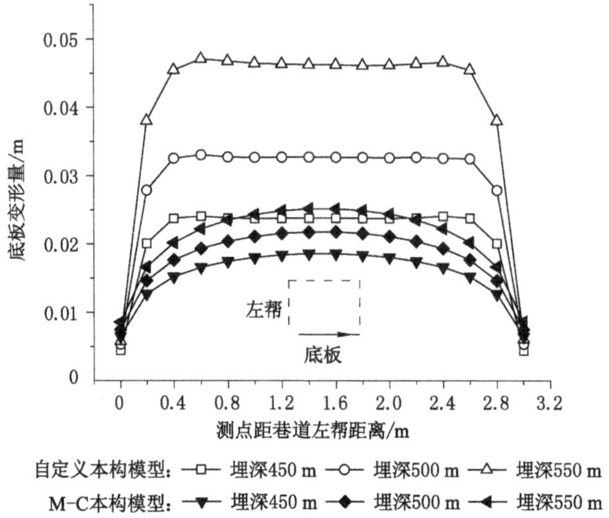

（b）埋深分别为450 m、500 m、550 m

图 4-8(续)

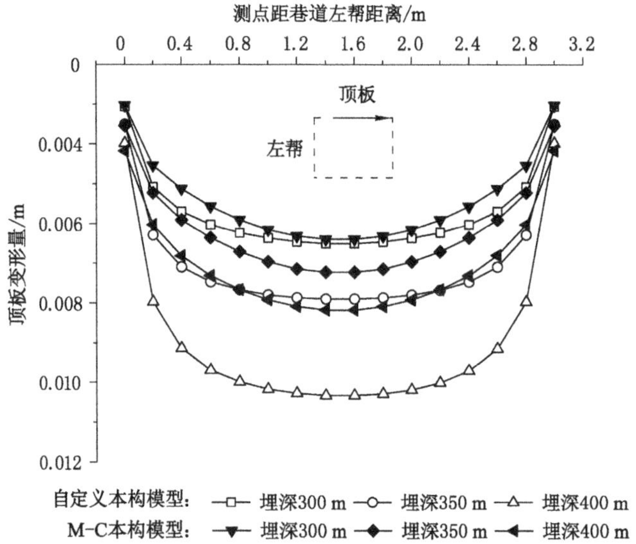

（a）埋深分别为300 m、350 m、400 m

图 4-9　不同本构模型下埋深对巷道顶板位移的影响

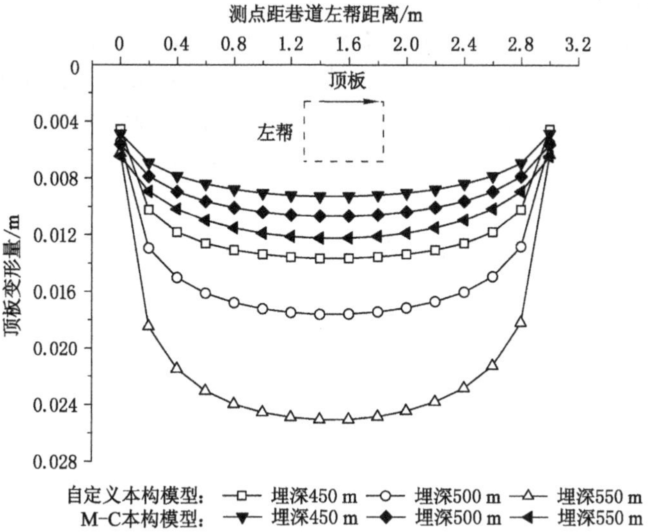

（b）埋深分别为450 m、500 m、550 m

图 4-9(续)

图 4-7 为选用自定义本构模型和 M-C 本构模型时巷道左帮位移变形情况，可以看出：

① 整体来看，两种本构模型下的巷道帮部位移变形呈现中间大、两端小的特点，巷道两帮向巷道内自由面凸出。

② 巷道帮部与顶底板接触位置横向变形很小，且由于顶板强度大于底板强度，因此帮顶接触位置的横向位移小于帮底接触位置。

③ 两种本构模型下的巷道帮部位移随着埋深增加呈正相关关系，埋深越大，巷道的变形越大。

④ 采用自定义本构模型下巷道两帮变形明显大于采用 M-C 本构模型下，当埋深较小时，两者差别很小，近乎相等，埋深越大，变形相差越大。埋深为 300 m 时，自定义本构模型下巷道帮部最大变形为 1.11 cm，M-C 本构模型下最大变形为 1.1 cm，两者近乎相等；埋深为 550 m 时，自定义本构模型下最大变形达到了 3.15 cm，M-C 本构模型下最大变形为 2.29 cm，两者相差 0.86 cm。

图 4-8 为选用自定义本构模型和 M-C 本构模型时巷道底板位移变形情况，可以看出：

① 采用 M-C 本构模型时，巷道底板的变形随着加载呈现中部鼓起的拱形变形，埋深较小时，两种本构模型的变形基本一致，且都为拱形变形，底板中间位置变形最大，两侧变形很小。

② 采用自定义本构模型时，随着埋深增加，巷道 0.6～2.4 m 范围鼓起量几乎一致，底板呈“挤出式”破坏，两种本构模型的最大变形量相差较大。

③ 埋深为 300 m 时，自定义本构模型下巷道底板最大变形量为 1.11 cm，M-C 本构模型下最大变形为 1.13 cm，两者近乎相等；埋深为 550 m 时，自定义本构模型下最大变形量达到了 4.62 cm，M-C 本构模型下最大变形量为 2.51 cm，两者相差 2.11 cm。

图 4-9 为选用自定义本构模型和 M-C 本构模型时巷道顶板位移变形情况，可以看出：

① 采用 M-C 本构模型和自定义本构模型时，巷道顶板变形形态基本一致，都为中部鼓起的“下垂式”变形，巷道顶板中部的位移量最大。

② 埋深为 300 m 时，自定义本构模型下巷道顶板最大变形量为 0.65 cm，M-C 本构模型下最大变形量为 0.64 cm，两者近乎相等；埋深为 550 m 时，自定义本构模型下最大变形量达到了 25.1 cm，M-C 本构模型下最大变形量为 12.2 cm，两者相差 12.9 cm。

利用式(4-2)计算不同本构模型下巷道围岩最大变形增量比例。

$$\eta_b = \frac{L_{dz} - L_{dm}}{L_{dm}} \times 100\% \tag{4-2}$$

式中 η_b——不同本构模型下巷道变形增量比例；

L_{dz}——使用自定义本构模型时，巷道位移极值；

L_{dm}——使用 M-C 本构模型时巷道位移极值。

对两种本构模型下的巷道最大位移量进行整理，从图 4-10 中可以看出：

① 同一种本构模型下，随着埋深的增加，巷道帮部、顶底板的变形最大值并不相同，其中底板的变形量最大，帮部其次，顶板最小，变形最大值和埋深呈正相关关系。

② 当埋深较小时，巷道顶底板和两帮的最大变形量相差较小，随着埋深的增加，自定义本构模型计算得到的巷道位移大于 M-C 本构模型计算得到的，且埋深越大，两者的位移最大值相差越大。

③ 两种本构模型相比，巷道最大变形增量比例随埋深的增加呈逐渐增大的趋势，说明埋深越大，两者计算得到的巷道最大变形差值越大；埋深为 550 m 时，自定义本构模型与 M-C 本构模型相比，顶板位移最大值升高了 105%，底板最大位移值升高了 84.1%，帮部最大位移值升高了 37.6%。

4.2.1.3 无界面巷道围岩塑性区分布

取两种本构模型巷道围岩塑性区分布如图 4-11 所示。由围岩塑性区分布特征可以看出：M-C 本构模型和自定义本构模型下围岩塑性区都随着埋深的增

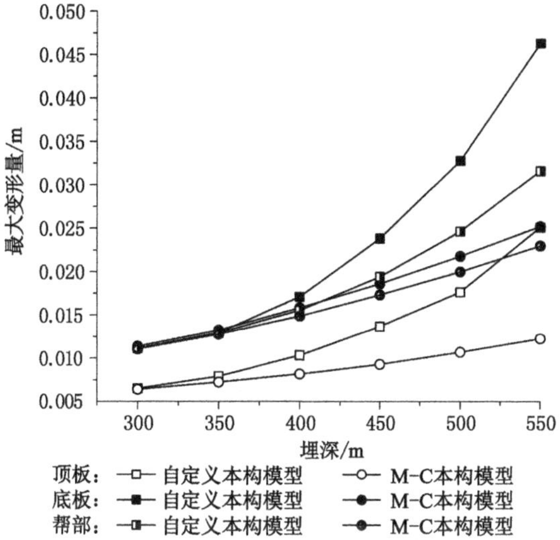

（a）巷道最大位移量随埋深变化情况

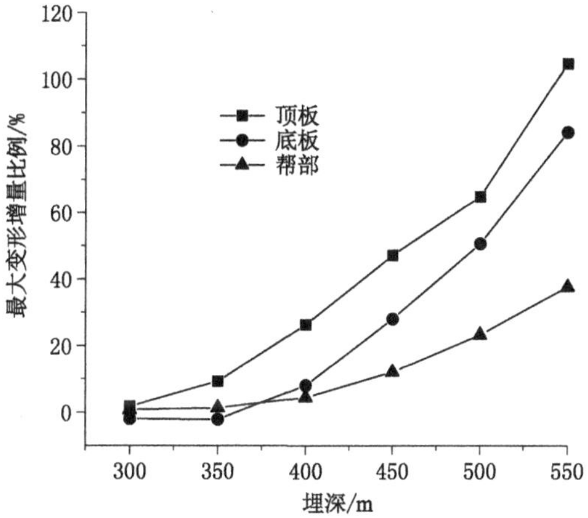

（b）不同本构模型下巷道最大变形增量比例

图 4-10　不同本构模型下巷道最大位移量随埋深变化

加逐渐增大；相同埋深下，自定义本构模型围岩塑性区范围大于 M-C 本构模型，埋深为 550 m 时，M-C 本构模型下顶板塑性区为 1.4 m、帮部 1.5 m、底板为 1.5 m，对应的自定义模型为顶板 2.8 m、帮部 2.0 m、底板为 3.0 m。因此，依据 M-C 本构模型计算得到的围岩塑性区偏于保守，可能导致对巷道围岩破坏认识不足，使巷道围岩设计支护强度偏低，增加巷道支护的不安全性。

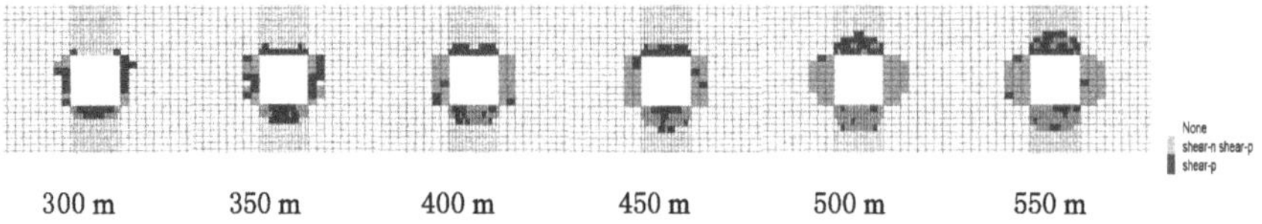

(a) M-C本构模型巷道围岩塑性区

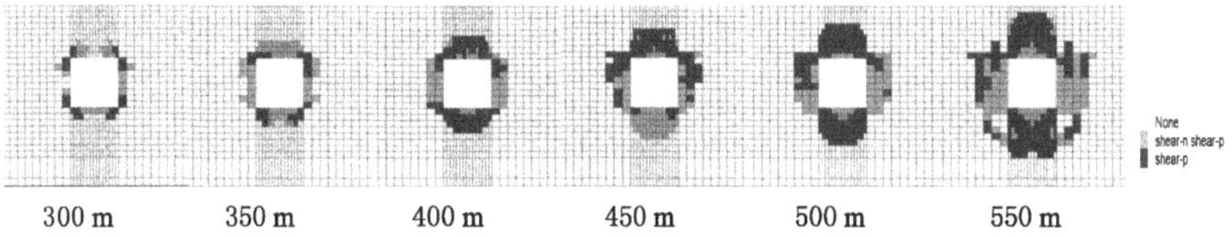

(b) 自定义本构模型巷道围岩塑性区

图 4-11 巷道围岩塑性区分布

4.2.2 有煤岩界面时巷道应力分布及变形影响规律

对于顶板与煤柱的层间黏结性较弱的巷道,在高应力作用下,顶板与煤柱之间并非如 4.2.1 小节一样完全无横向滑移错动的。事实上,层间的黏结性对巷道围岩的变形影响是非常大的,煤柱无顶板的横向约束,可能沿层理面发生大范围的滑移变形。因此,本小节在 4.2.1 小节的基础上建立了顶板与煤柱间含有界面的巷道开挖加载模型,以揭示含层理面巷道的变形及应力分布情况。本小节简化了煤、岩层之间层理的压缩变形作用,只研究其层理的黏结、剪切的影响,选取界面的剪切刚度为 0.05 GPa、法向刚度为 300 GPa、内摩擦角为 15°。

4.2.2.1 含界面巷道围岩应力分布规律

图 4-12 为部分埋深下的含界面巷道垂直应力分布情况。其中图 4-12(a)、(c)、(e)分别为 M-C 本构模型下埋深为 300 m、500 m、550 m 的巷道垂直应力分布;图 4-12(b)、(d)、(f)分别为自定义本构模型下埋深为 300 m、500 m、550 m 的巷道垂直应力分布。

从图 4-4、图 4-5 和图 4-12 中可以看出:含界面与无界面时相比,巷道的应力分布有较大差别;含有煤岩界面时,巷道帮部的垂直应力集中区更靠近巷道底角位置,随着围岩应力升高,底板及帮部破坏区域逐渐增大,应力降低区范围增大,帮部垂直应力集中区域逐渐向巷道顶板且远离巷道位置转移;两种本构模型计算得到的峰值应力值相差不大,但是自定义本构模型的峰值应力集中区域大于 M-C 本构模型。

提取含界面巷道围岩应力峰值,见表 4-3。

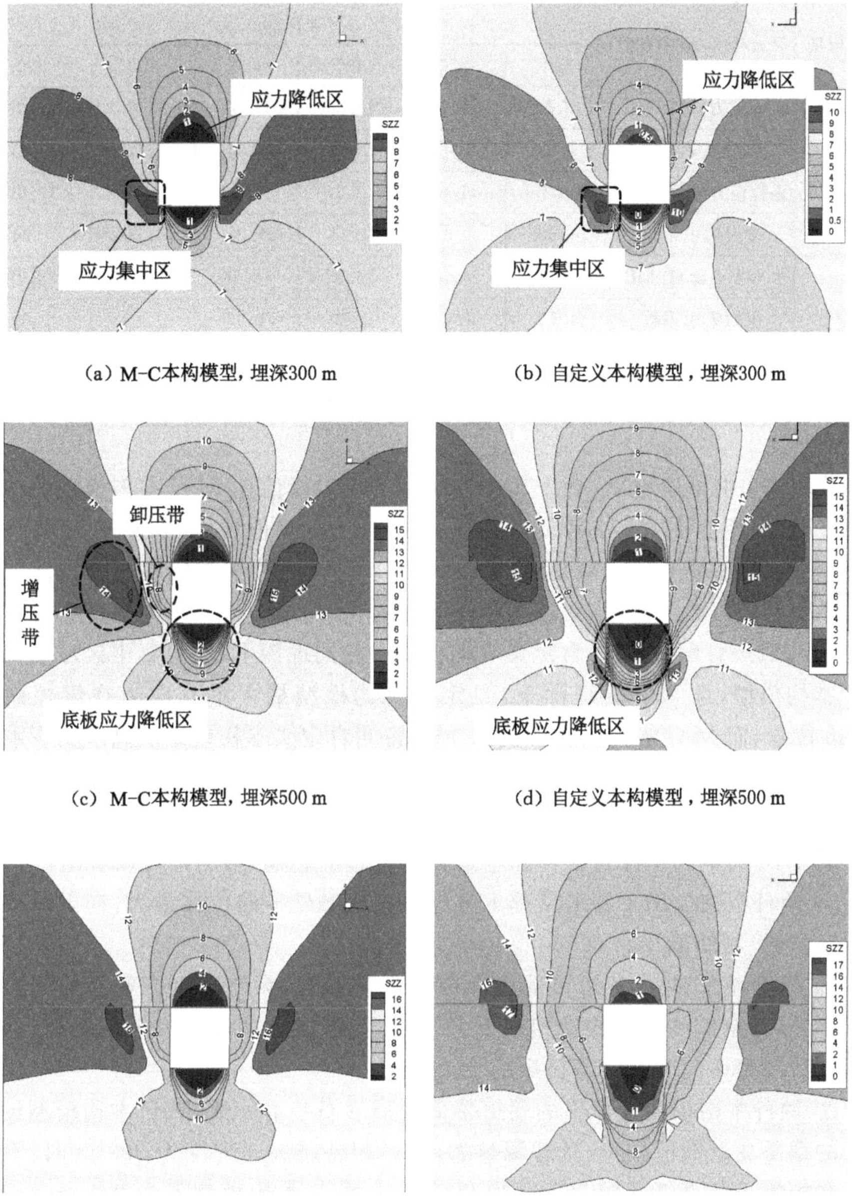

(a) M-C本构模型，埋深300 m　　(b) 自定义本构模型，埋深300 m

(c) M-C本构模型，埋深500 m　　(d) 自定义本构模型，埋深500 m

(e) M-C本构模型，埋深550 m　　(f) 自定义本构模型，埋深550 m

图 4-12　含界面巷道垂直应力分布

表 4-3　巷道围岩应力峰值及应力集中系数

本构模型	应力峰值/集中系数	埋深/m					
		300	350	400	450	500	550
M-C本构模型	水平应力峰值/MPa	12.52	13.05	15.22	17.35	19.84	22.05
	应力集中系数	1.67	1.49	1.52	1.54	1.59	1.60
	垂直应力峰值/MPa	11.27	11.56	12.37	14.12	15.77	17.09
	应力集中系数	1.50	1.32	1.24	1.25	1.26	1.24
自定义本构模型	水平应力峰值/MPa	13.12	14.06	16.97	18.76	22.73	23.22
	应力集中系数	1.75	1.61	1.70	1.67	1.82	1.69
	垂直应力峰值/MPa	12.07	12.88	12.15	13.89	16.03	16.71
	应力集中系数	1.61	1.47	1.22	1.24	1.28	1.22

从表 4-3 中可以看出：自定义本构模型的应力峰值比 M-C 本构模型的应力峰值略高，但相差不大，自定义本构模型水平应力峰值比 M-C 本构模型升高 4.8%～14.6%，垂直应力峰值升高 1.1%～7.1%；两种本构模型在各埋深下的应力集中系数相差不大，水平应力集中系数在 1.49～1.82 之间，垂直应力集中系数在 1.22～1.61 之间。自定义本构模型在相同埋深下，应力集中区域要大于 M-C 本构模型，且 550 m 埋深下，自定义本构模型最大垂直应力在煤柱内部 4.0 m 位置，而 M-C 本构模型则为 2.3 m，说明自定义本构模型受高应力影响帮部处于卸压区域更大，增压区域距离巷道更远。

4.2.2.2　含界面巷道围岩变形规律

图 4-13 为不同埋深对含界面巷道帮部位移的影响，从图中可以看出：

① 两种本构模型下巷道帮部上方与顶板接触处横向位移最大，向下略有减小，与底板接触处最小。

② 随着埋深加大，巷道帮部中部位移逐渐增大，除与底板接触处监测点位移量小外，其余监测点位移量相差不大，加上巷道在加载过程中出现底鼓，巷道内呈现帮部整体向巷道内部挤出的变形特点。

③ 两种本构模型计算出的巷道帮部变形形态基本一致，M-C 本构模型计算得到的帮部变形数值较小，且埋深越大，变形相差越大。埋深为 300 m 时，自定义本构模型下巷道帮部最大变形为 2.25 cm，M-C 本构模型下为 2.2 cm；埋深为 550 m 时，M-C 本构模型下帮部最大变形为 4.1 cm，自定义本构模型下达到了 5.2 cm，差值为 1.1 cm，是 M-C 本构模型下帮部最大变形的 1.27 倍。

图 4-14 为含界面巷道顶板变形量与埋深之间的关系图，从图中可以看出：两种本构模型下顶板的变形形态基本一致，呈现两端小中间大的下凹趋势，巷道

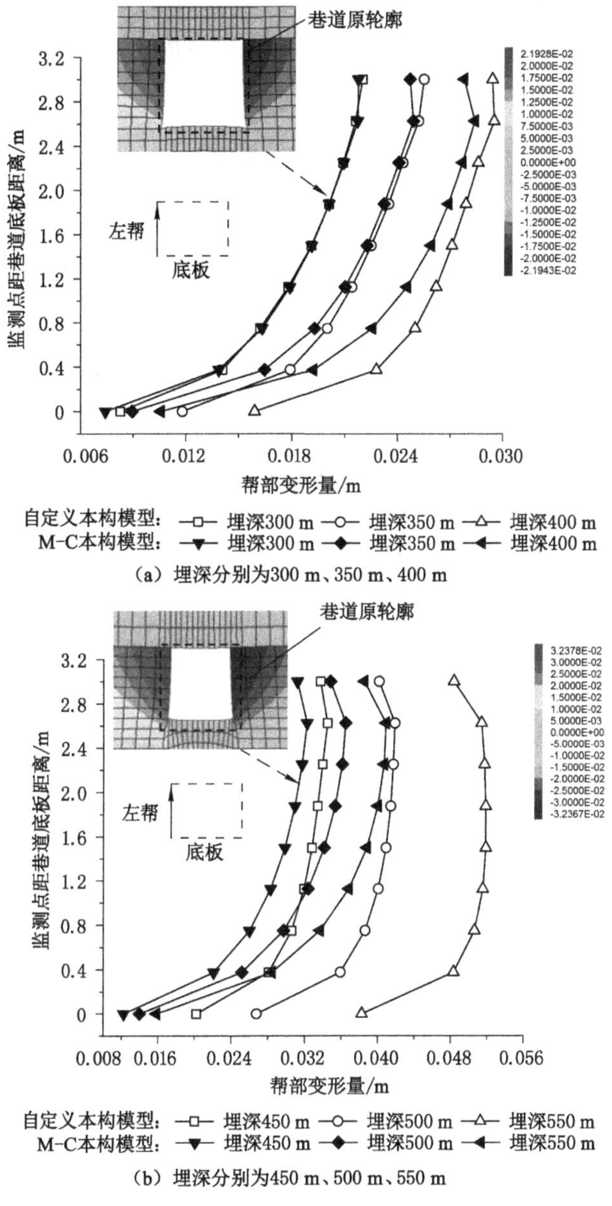

图 4-13　含界面巷道帮部位移随埋深变化情况

顶板中部的变形量最大；埋深较小时，自定义本构模型计算得到的顶板变形量略小于 M-C 本构模型，随着埋深增大，自定义本构模型计算得到的顶板最大变形量逐渐大于 M-C 本构模型，两者差值逐渐增加；埋深为 300 m 时，自定义本构模型顶板最大变形量比 M-C 本构模型小 0.015 cm；埋深为 550 m 时，两者最大变形量差值为 0.27 cm，自定义本构模型计算得到的顶板最大变形量是 M-C 本构模型的 1.18 倍。

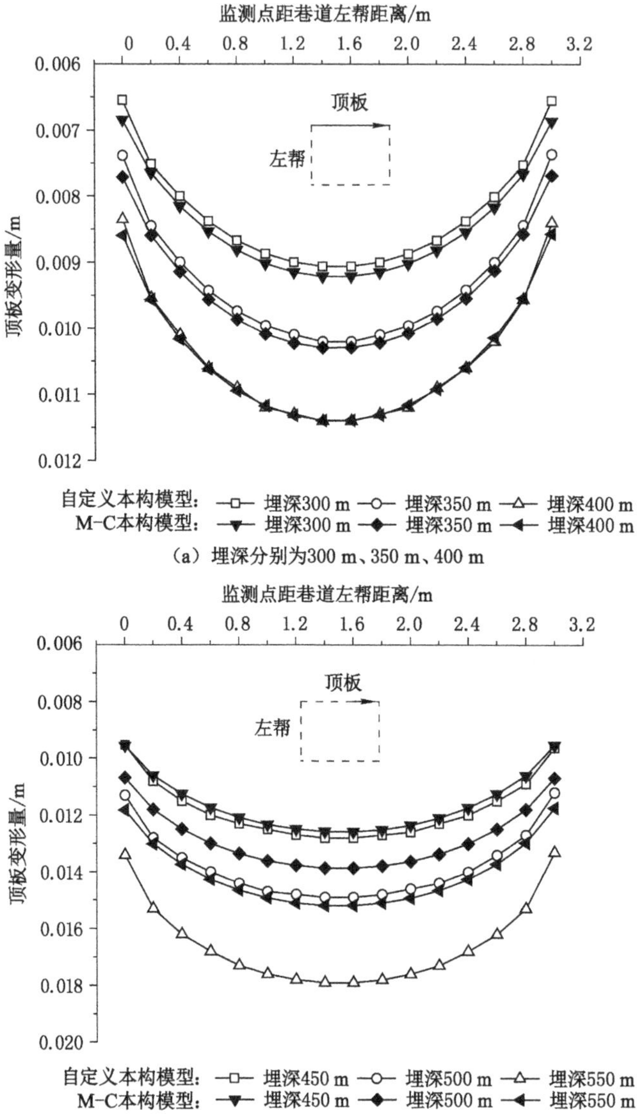

（a）埋深分别为300 m、350 m、400 m

（b）埋深分别为450 m、500 m、550 m

图 4-14　含界面巷道顶板位移随埋深变化情况

图 4-15 为含界面巷道底板位移随埋深变化图，从图中可以看出：两种本构模型下底板的变形形态不同，M-C 本构模型呈现缓慢鼓起的形态，而自定义本构模型更偏向于底板大范围的整体鼓起；两种本构模型计算得到的底板鼓起量与埋深呈正相关关系，且埋深越大，两者差值越大；埋深为 300 m 时，两种本构模型计算得到的底板最大变形量差值为 0.08 cm，埋深为 550 m 时，最大变形量差值为 6.4 cm，自定义本构模型计算得到的底板最大变形量是 M-C 本构模型的 3.35 倍。

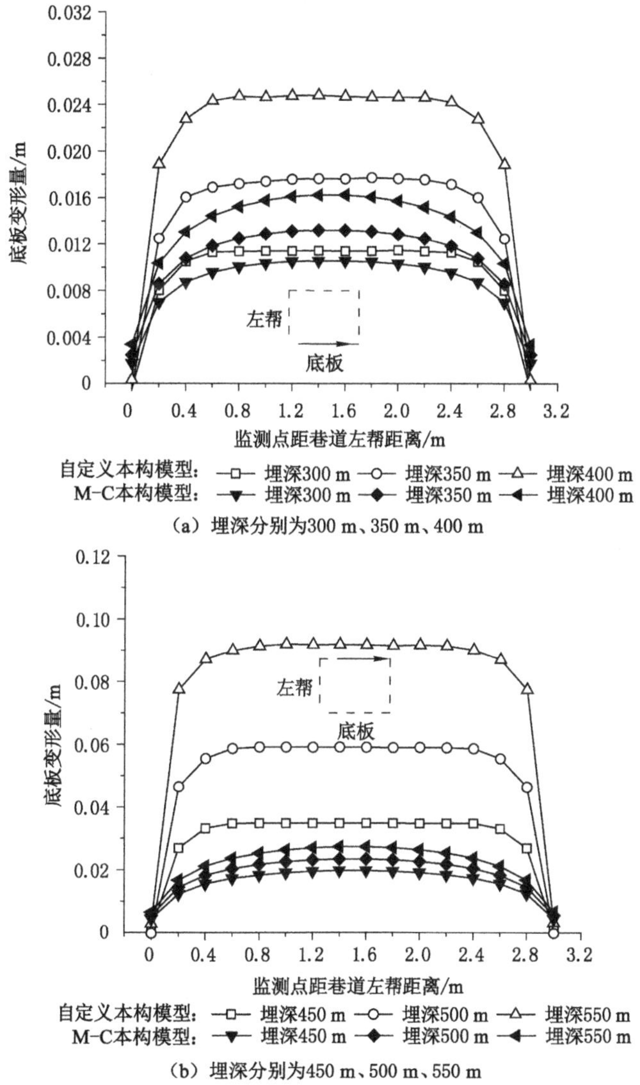

图 4-15　含界面巷道底板位移随埋深变化情况

4.2.2.3　含界面巷道围岩塑性区分布

由围岩塑性区分布特征可以看出：M-C 本构模型和自定义本构模型下含界面巷道围岩塑性区都随埋深增加而逐渐增大；相同埋深下，自定义本构模型围岩塑性区范围大于 M-C 本构模型，埋深为 550 m 时，M-C 本构模型下顶板塑性区为 0.7 m、帮部为 2.5 m、底板为 1.5 m，对应的自定义本构模型下顶板塑性区为 1.05 m、帮部为 4.0 m、底板为 4.25 m。因此，含界面巷道模型与无界面巷道模型相比，顶板塑性区降低，但是帮部和底板塑性区都明显增大，且依据 M-C 本构模型计算得到的围岩塑性区偏于保守，明显小于自定义本构模型的计算结果。

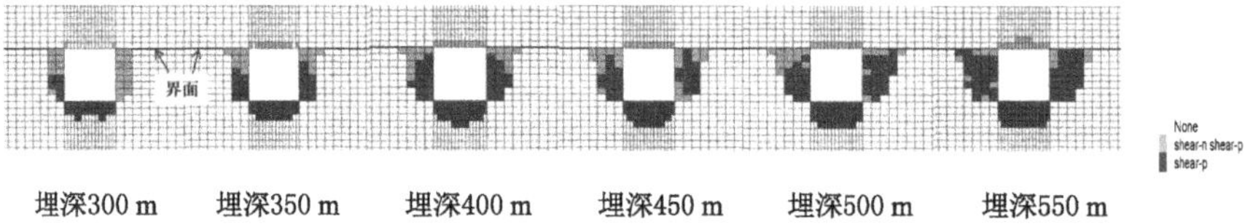

(a) M-C本构模型巷道围岩塑性区

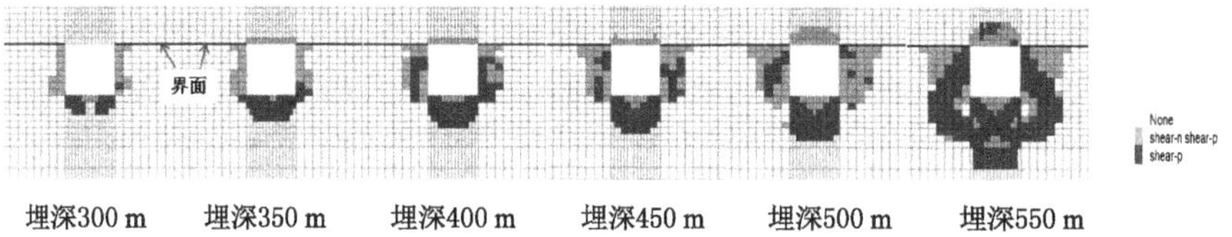

(b) 自定义本构模型巷道围岩塑性区

图 4-16　巷道围岩塑性区分布

4.2.3　界面对巷道变形失稳的影响

由于岩石和煤体物理力学性质不同，煤体的强度低于顶板岩石，而泊松比大于顶板岩石。当巷道处于弹性变形过程中时，由于煤体和岩石的泊松比不同，同等压力条件下煤柱的横向挤压变形大于顶板岩石。同时，顶板是完整体，这在很大程度上限制了岩石的横向变形，煤柱在巷道两帮处于临空状态，从而导致煤柱未达到屈服强度时，其横向变形已经大于顶板岩石，在巷道中往往是最先达到破坏的部分。当煤体达到屈服强度后，内部产生新的裂纹、裂隙，达到峰值强度后，产生的裂纹、裂隙逐渐汇聚贯通，形成与垂直方向有一定夹角的破坏带，从而产生更大的变形，包括煤柱向巷道内的横向挤压变形。

通过对比有无煤岩界面的巷道变形，可以了解界面的存在对巷道应力及变形的影响。根据式(4-3)计算出不同本构模型下有无界面巷道围岩顶底板及帮部最大变形增量比例，对比结果如图 4-17 所示。

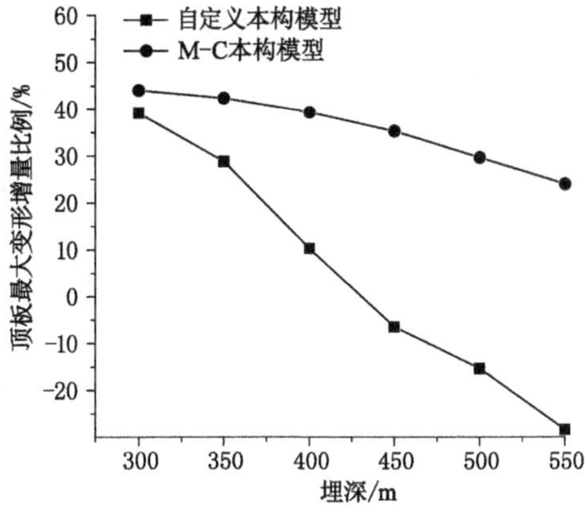

（a）顶板最大变形增量比例

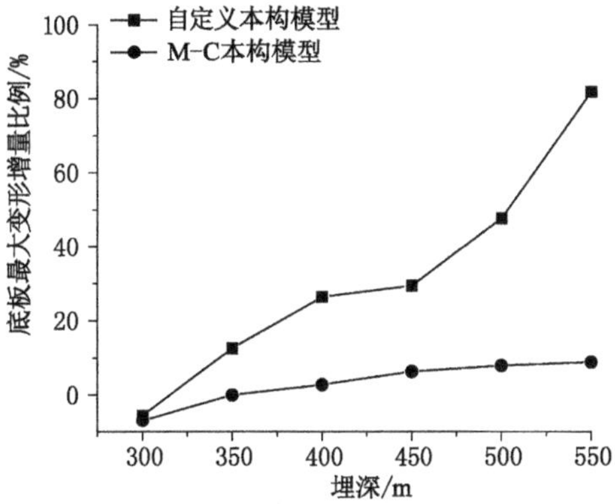

（b）底板最大变形增量比例

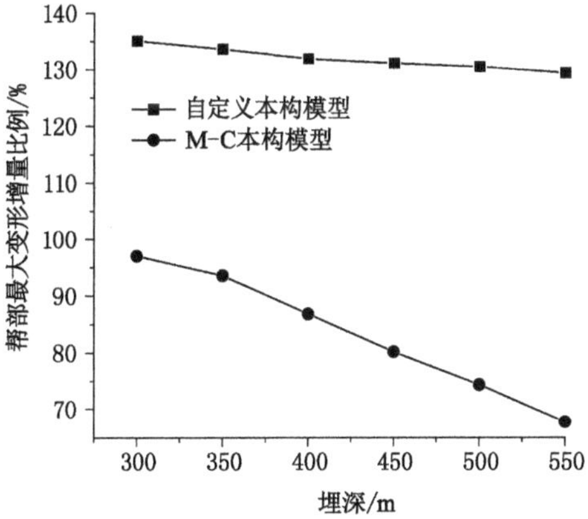

（c）帮部最大变形增量比例

图 4-17　界面对巷道变形的影响

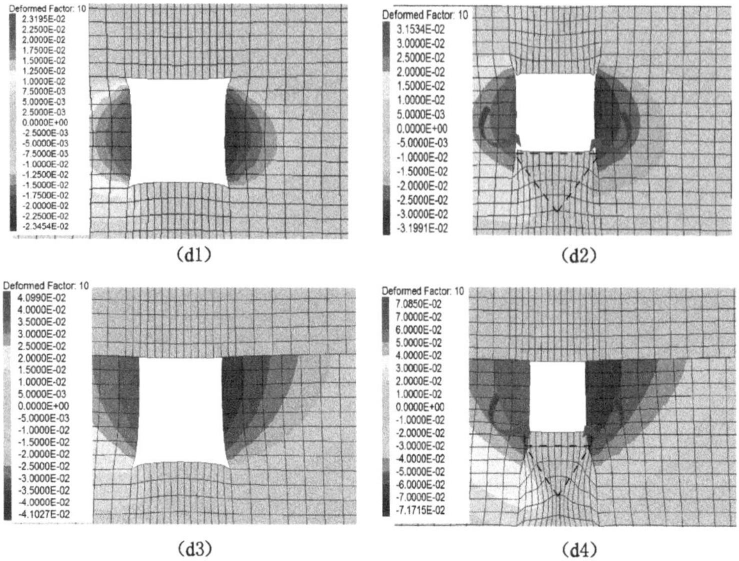

(d) 放大10倍的云图

图 4-17(续)

$$\eta_j = \frac{L_{dy} - L_{dw}}{L_{dw}} \times 100\% \tag{4-3}$$

式中　η_j——巷道帮部和顶板交界是否含有界面时的最大变形增量比例；

L_{dy}——有煤岩界面时巷道最大位移变形量；

L_{dw}——无煤岩界面时巷道最大位移变形量。

图 4-17(a)为有界面与无界面巷道在两种本构模型下的顶板变形增量，图 4-17(b)为底板变形增量，图 4-17(c)为帮部变形增量，图 4-17(d)为放大 10 倍的变形云图，其中图 4-17(d1)、(d2)分别为 M-C 本构模型和自定义本构模型无界面巷道变形云图，图 4-17(d3)、(d4)则分别为 M-C 本构模型和自定义本构模型有界面巷道变形云图。

从图 4-17 中可以看出：

(1) 相同埋深时，当巷道煤层与顶板之间有煤岩界面时的顶底板及帮部最大变形量都大于无煤岩界面巷道。

(2) 帮部最大变形量增加幅度随着埋深增加呈减小趋势；自定义本构模型计算得到的顶板最大变形量增量比例减小趋势相对较大，达到 450 m 埋深时，顶板变形相比无界面巷道模型有减小，这是因为有界面巷道帮部变形较大，减小了巷道顶板的跨度，顶板的变形逐渐减小。

(3) 底板最大变形量增量比例随着埋深增加呈增长趋势，自定义本构模型的增长速率大于 M-C 本构模型。

(4) 由变形云图可以看出，无界面巷道变形，帮部煤柱与顶板连接较好，未出现相互滑移错动，而有界面巷道变形，帮部煤柱与顶板之间滑移错动明显，埋深较大时，帮部出现整体性的向巷道内的挤出变形；M-C 本构模型与自定义本构模型的区别更多在于顶底板的变形形态，自定义本构模型巷道在底板形成三角形的挤压区，底鼓范围更大，底板过早进入塑性状态，底板最大变形量增长趋势持续增加。

一般对于现场岩层条件而言，不同岩性岩层之间的黏结性较低，当巷道受高应力作用时，巷道煤柱与顶板岩石由于岩性及赋存状态不同，两者之间必然会发生滑移错动。如图 4-18 所示，由于巷道煤柱与顶板产生滑移，顶板的锚索托盘已经部分被煤柱所覆盖，因此用两者完全黏结即无界面的方式模拟含层理巷道的变形是不合适的。

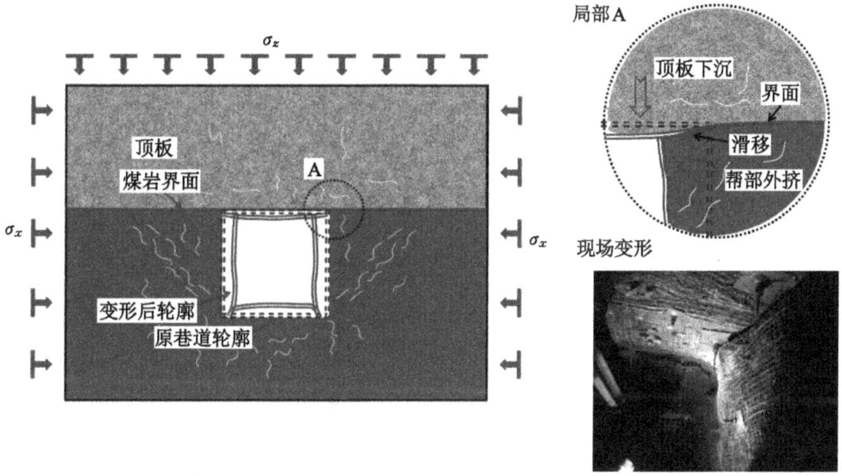

(a) 巷道整体变形　　(b) 巷道顶角局部变形

图 4-18　有界面巷道变形形态

4.3　界面刚度对巷道应力及变形规律的影响

影响界面滑移与应力传递的主要参数为切向刚度 k_s、法向刚度 k_n。本节选取几种不同的界面切向刚度，其余参数保持不变，研究界面切向刚度对巷道变形及应力分布的影响。模型各参数选择如图 4-19 所示。

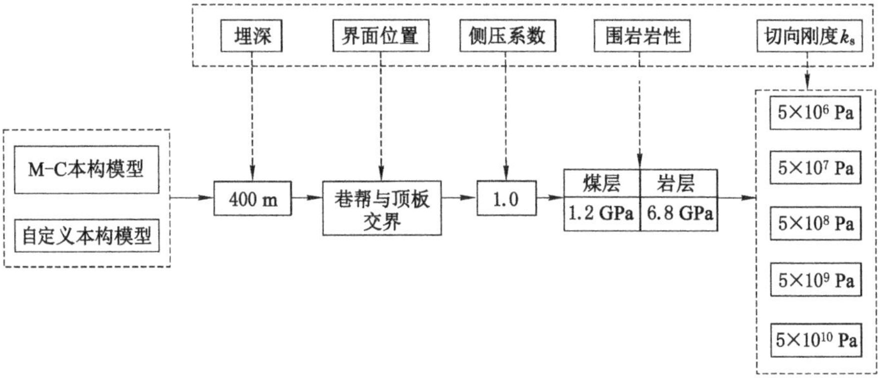

图 4-19　模型各参数选择

模拟选择巷道尺寸为 3 m×3 m，界面位于巷道帮部与顶板交界处，顶板岩性为泥岩，埋深为 400 m，切向刚度共选择 5 种（5×10^6 Pa、5×10^7 Pa、5×10^8 Pa、5×10^9 Pa、5×10^{10} Pa）。

4.3.1　巷道围岩应力分布规律

图 4-20 为巷道顶底板及左帮围岩应力分布规律，从图中可以看出：

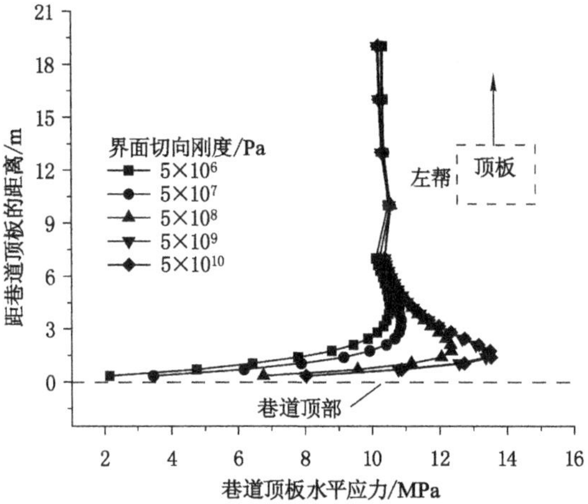

(a) M-C本构模型巷道顶板水平应力

图 4-20　界面切向刚度对巷道围岩应力分布规律影响

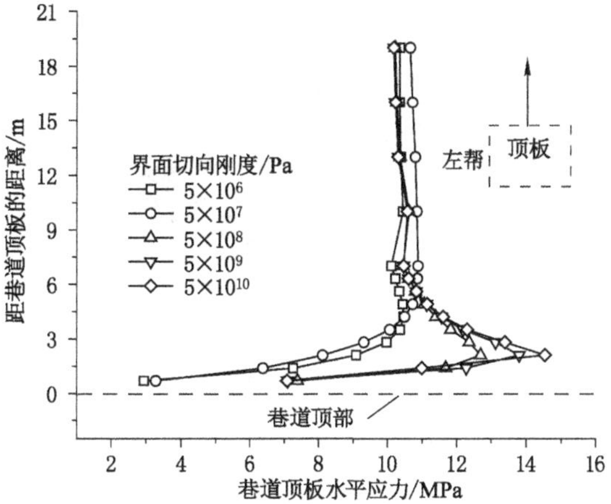

(b) 自定义本构模型巷道顶板水平应力

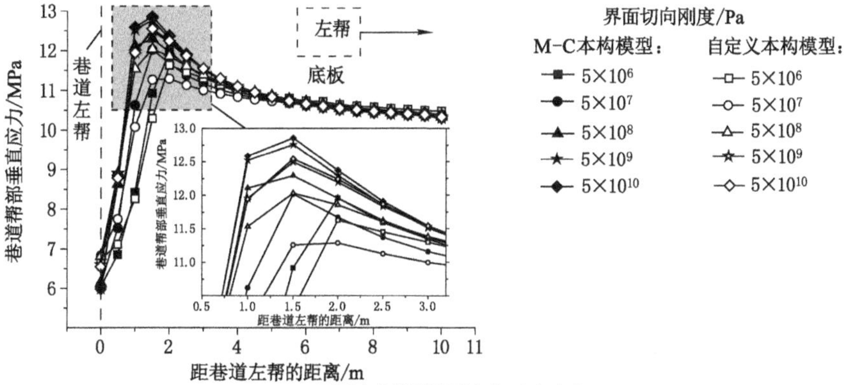

(c) 不同本构模型巷道帮部垂直应力

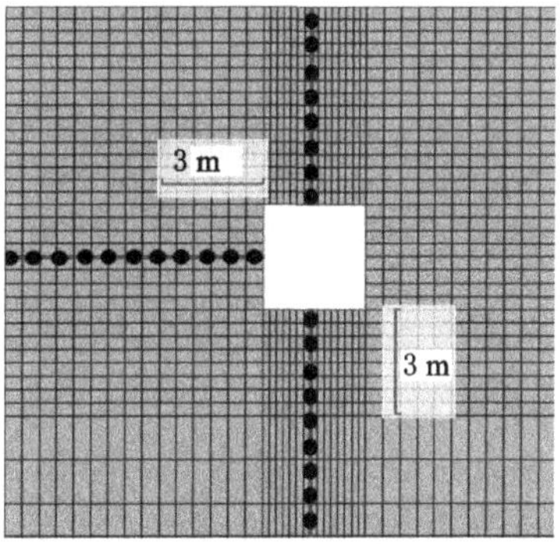

(d) 巷道顶底板及帮部测点位置

图 4-20(续)

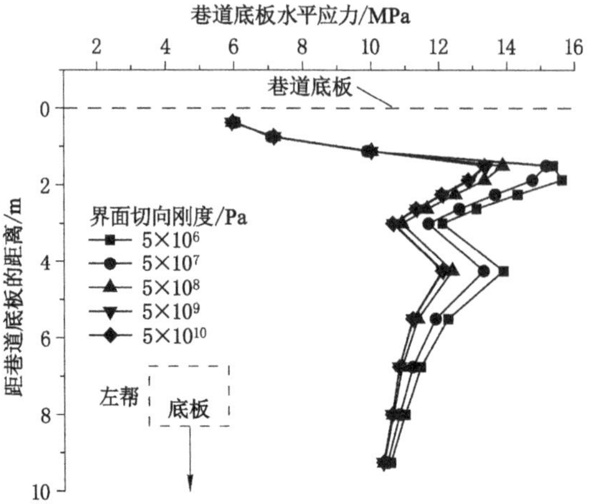

(e) M-C本构模型巷道底板水平应力

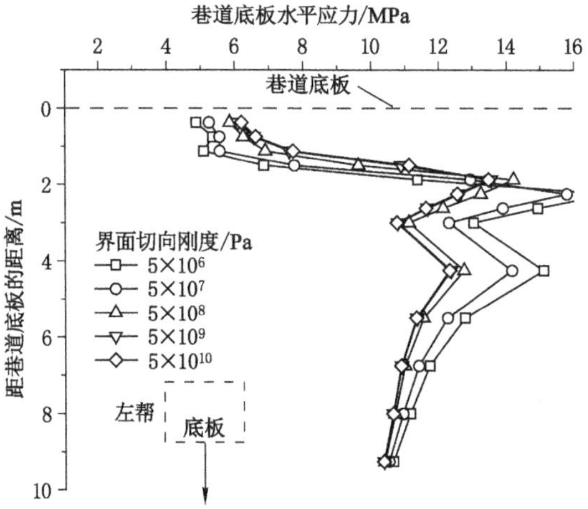

(f) 自定义本构模型巷道底板水平应力

图 4-20(续)

(1) M-C 本构模型和自定义本构模型下，邻近巷道侧围岩应力整体先降低，然后达到峰值，最后再降低至原岩应力。

(2) 两种本构模型下，邻近巷道顶部，顶板应力降低，且界面切向刚度越小，应力值越低；随着界面切向刚度升高，巷道顶板峰值应力呈先增大然后平缓的趋势，峰值点距离巷道顶部的位置逐渐缩小；界面切向刚度为 5×10^9 Pa 和 5×10^{10} Pa 时，两种本构模型的顶板峰值应力和峰值距离巷道顶板的距离相差较小，M-C 本构模型下，两者的应力分布趋势基本一致。

(3) 两种本构模型下，邻近巷道帮部，围岩应力降低，应力分布在 6～7 MPa 之间；随着界面切向刚度升高，巷道帮部峰值应力呈先增大然后平缓的趋势，峰值点距离巷道顶部的位置基本在 1.5～2.0 m 之间；界面切向刚度为 5×10^{9} Pa 和 5×10^{10} Pa 时，同一本构模型下，应力分布趋势相近。

(4) 两种本构模型下，随着界面切向刚度升高，巷道底板的峰值应力逐渐减小；邻近巷道底部，M-C 本构模型峰值前的应力变化趋势基本一致，自定义本构模型的应力呈缓慢上升的趋势。

(5) 自定义本构模型下顶板和底板的峰值应力大于 M-C 本构模型下的，但两者之间的差值相差不大，峰值点距离巷道更远；自定义本构模型下的帮部峰值应力小于 M-C 本构模型下的，峰值点距离巷道基本相同。

提取不同界面切向刚度下巷道围岩的水平及垂直应力峰值，见表 4-4，水平应力峰值包含巷道顶板水平应力峰值和底板水平应力峰值。

表 4-4　巷道围岩应力峰值及集中系数

本构模型	应力峰值/集中系数	界面切向刚度/Pa				
		5×10^{6}	5×10^{7}	5×10^{8}	5×10^{9}	5×10^{10}
M-C 本构模型	水平应力峰值/MPa	15.63	15.16	13.87	13.40	13.53
	应力集中系数	1.56	1.52	1.39	1.34	1.35
	垂直应力峰值/MPa	11.96	12.02	12.29	12.76	12.86
	应力集中系数	1.20	1.20	1.23	1.28	1.29
自定义本构模型	水平应力峰值/MPa	17.05	15.80	14.21	13.80	14.53
	应力集中系数	1.71	1.58	1.42	1.38	1.45
	垂直应力峰值/MPa	11.63	11.29	12.03	12.50	12.54
	应力集中系数	1.16	1.13	1.20	1.25	1.25

从表 4-4 中可以看出：M-C 本构模型下，巷道围岩水平应力峰值在 13.4～15.63 MPa 之间，垂直应力峰值在 11.96～12.86 MPa 之间，水平应力峰值大于垂直应力峰值；自定义本构模型下，巷道围岩水平应力峰值在 13.80～17.05 MPa 之间，垂直应力峰值在 11.63～12.54 MPa 之间，随着界面切向刚度升高，垂直应力峰值呈逐渐递增的趋势，当界面切向刚度较小时，水平应力峰值出现在底板位置，随着切向刚度升高，应力峰值转移至巷道顶板。

4.3.2　巷道围岩变形规律

取 5 种不同的界面切向刚度，并提取出巷道帮部的变形结果，如图 4-21 所示。从图 4-21 中可以看出：

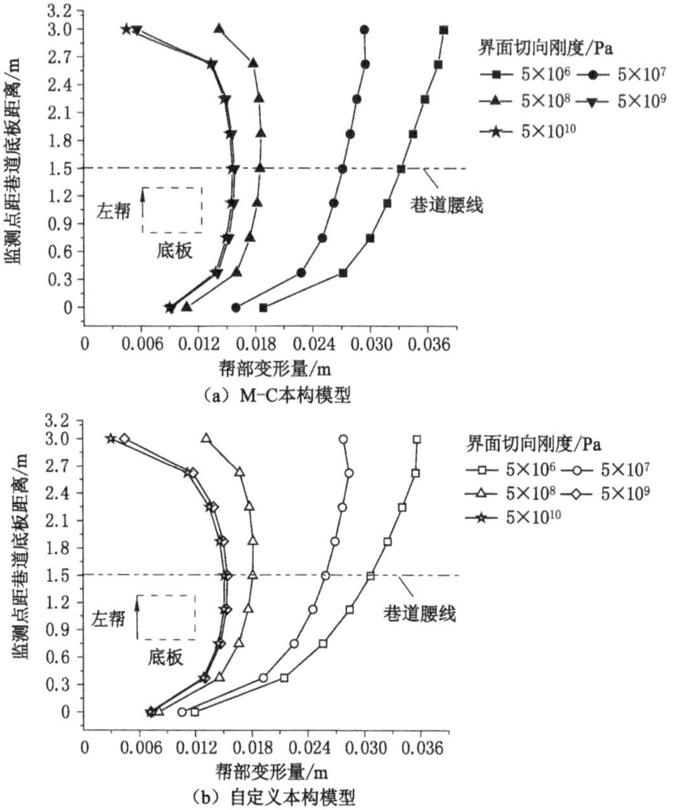

图 4-21 不同本构模型下界面切向刚度对帮部变形的影响

① 两种本构模型下，巷道帮部的变形量随着煤岩界面切向刚度的增加而减小，且减小趋势逐渐减缓；当界面强度达到一定值时，变形量几乎不再减小。

② 两种本构模型下，巷道帮部的变形形态基本一致，靠近顶板的位置横向变形量最大，与底板接触处的帮部变形量最小，随着界面切向刚度的增大，巷道顶板位置的横向变形逐渐减小，巷道呈现中部鼓起的形态。

③ M-C 本构模型和自定义本构模型在相同界面切向刚度下的巷道变形最大值相差很小。

两种本构模型下不同界面切向刚度对巷道帮部变形量的影响趋势如图 4-22 所示。图中实线表示巷道帮部的最大变形量，虚线表示帮顶界面处的监测点变形量，界面刚度小于 5×10^7 Pa 时帮部最大变形量在煤柱与顶板交界处，大于 5×10^8 Pa 时，变形最大值转移至巷道中部位置。从图中可以看出：交界面处监测点的变形量受界面切向刚度的影响较大，刚度增加后，变形量减小趋势明显；当界面切向刚度小于 5×10^9 Pa 时，帮顶界面处的变形量随着界面切向刚度的升高呈近似直线的形式下降，刚度大于 5×10^9 Pa 时，变形量减小的趋势降低；M-C 本构模型和自定义本构模型界面切向刚度为 5×10^{10} Pa 较 5×10^9 Pa 条件下最大变形值分别减小了 0.9％和 1.9％。

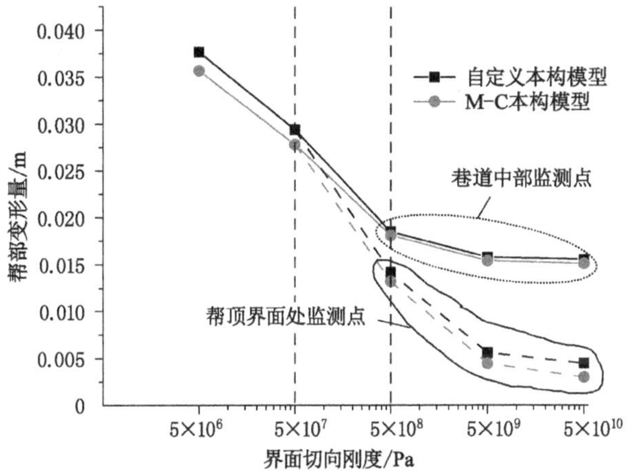

图 4-22　界面切向刚度对帮部变形量变化的影响

图 4-23 为不同本构模型下界面切向刚度对巷道底板变形的影响，从图中可以看出：

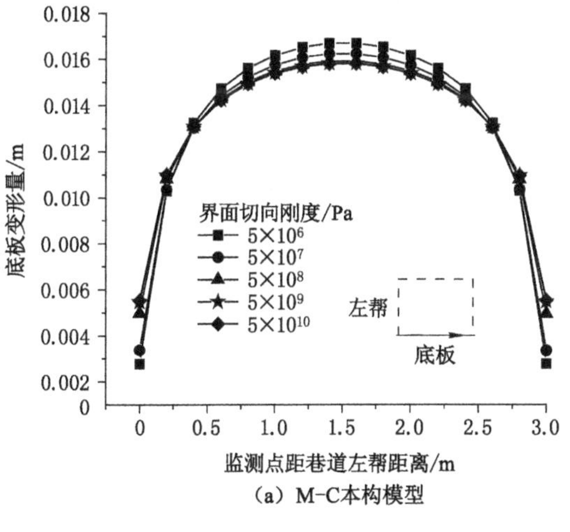

图 4-23　不同本构模型下界面切向刚度对底板变形的影响

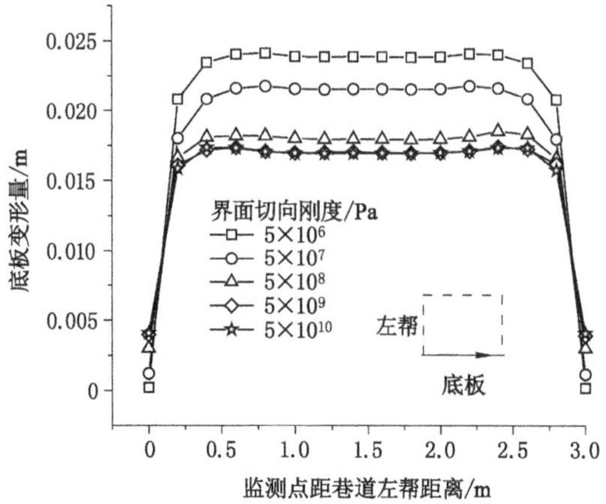

(b) 自定义本构模型

图 4-23(续)

① 两种本构模型下，随着界面切向刚度的增加，巷道底板变形量逐渐减小，界面切向刚度 5×10^9 Pa 时是临界值，大于临界值时变形减小量很小，界面切向刚度在临界值以下底板变形量减小幅度较大。

② M-C 本构模型下，随着界面切向刚度增加，底板变形量减小幅值很小，自定义本构模型下底板变形量减小幅值大于 M-C 本构模型。

提取巷道底板变形幅值，如图 4-24 所示。图中实线部分为巷道底板最大变形量随界面切向刚度的变化趋势，虚线部分为与最小界面切向刚度 5×10^6 Pa 相比，巷道帮部和顶底板最大变形量减小比例，可以根据式(4-4)计算得到。

$$\eta_s = \frac{L_{dsm} - L_{dsi}}{L_{dsm}} \times 100\% \tag{4-4}$$

式中 η_s——巷道帮部和顶板交界有无界面时的最大变形增量比例；

L_{dsm}——界面切向刚度为 5×10^6 Pa 时巷道最大变形量；

L_{dsi}——不同界面切向刚度下巷道最大变形量。

从图 4-24 中可以看出：当界面切向刚度为 $5\times10^6\sim5\times10^7$ Pa 时，自定义本构模型相比 M-C 本构模型最大变形量的减小幅度为 32%～43%，两种本构模型下的巷道底板变形差别较大；当界面切向刚度小于 5×10^8 Pa 时，随着界面切向刚度的增加，自定义本构模型最大变形量减小比例较大，减小比例在 9.6%～29%之间，相应的 M-C 本构模型在 2%～5.3%之间；随着界面切向刚度的增加，相邻界面切向刚度之间的变形量减小幅度逐渐降低，M-C 本构模型和自定义本构模型界面切向刚度为 5×10^{10} Pa 较 5×10^9 Pa 时，巷道底板最大变形量分

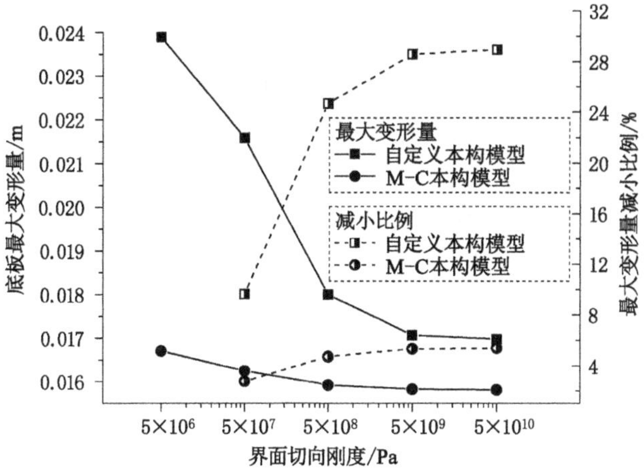

图 4-24　界面切向刚度对巷道底板变形的影响

别减小 0.5%和 0.06%。

图 4-25 为不同本构模型下界面切向刚度对顶板变形的影响，从图中可以看出：两种本构模型下，随着界面切向刚度的增加，巷道顶板变形量逐渐减小，界面刚度为 5×10^{8} Pa 是 M-C 本构模型的临界值，而 5×10^{7} Pa 是自定义本构模型的临界值，界面切向刚度大于临界值时巷道顶板变形减小量很小，在临界值以下时顶板变形减小幅度较大；两种本构模型下的巷道顶板变形最大值相差不大。

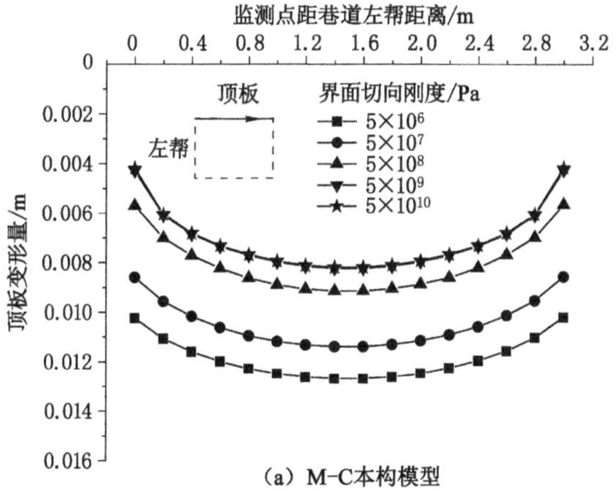

图 4-25　不同本构模型下界面切向刚度对顶板变形的影响

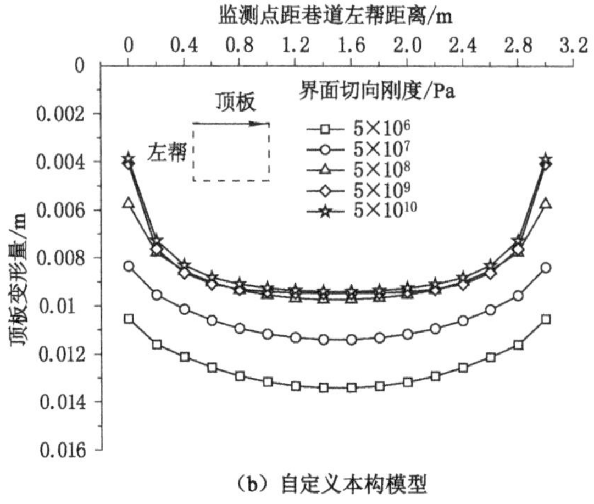

(b) 自定义本构模型

图 4-25(续)

提取巷道顶板变形幅值,如图 4-26 所示。根据式(4-4)可以求得随界面切向刚度的增加顶板最大变形量的减小比例。由图 4-26 可知:当界面切向刚度小于 5×10^8 Pa 时,随着界面切向刚度的增加,自定义本构模型最大变形量减小比例在 8.3%~16.7%之间,相应的 M-C 本构模型在 7.7%~26.8%之间;随着界面切向刚度的增加,相邻界面切向刚度之间的变形量减小幅度逐渐降低,M-C 本构模型和自定义本构模型界面切向刚度为 5×10^{10} Pa 较 5×10^9 Pa 时,巷道顶板最大变形值分别减小 0.84%和 0.6%。

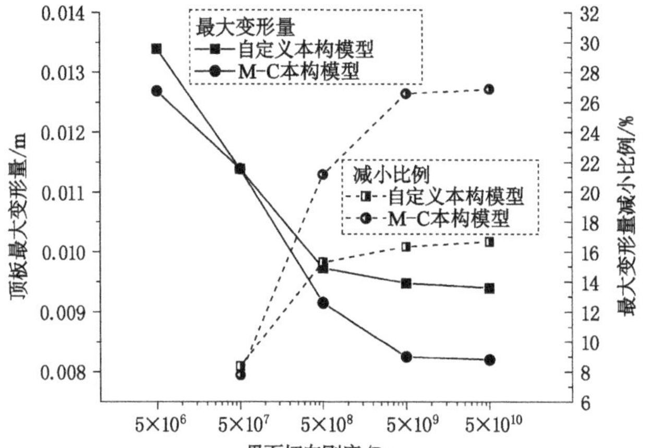

图 4-26 界面切向刚度对巷道顶板变形的影响

4.3.3　巷道围压塑性区分布规律

不同界面切向刚度条件下巷道围岩塑性区分布如图 4-27 所示，从图中可以看出：在两种本构模型下，随着界面切向刚度的增加，巷道两帮及底板塑性区呈先降低后逐渐平稳的状态；切向刚度较小时，帮部塑性区呈“上大下小”的形态；顶板的塑性区逐渐增加，但增加幅度较小；界面切向刚度为 5×10^6 Pa 时，M-C 本构模型和自定义本构模型的帮部塑性区范围都为 2.5 m，M-C 本构模型顶板和底板塑性区范围分别为 0.35 m 和 1.5 m，自定义本构模型顶板和底板塑性区范围分别为 0.7 m 和 1.88 m；自定义本构模型围岩塑性区范围大于 M-C 本构模型，特别是在巷道顶板和底板位置区别更加明显。

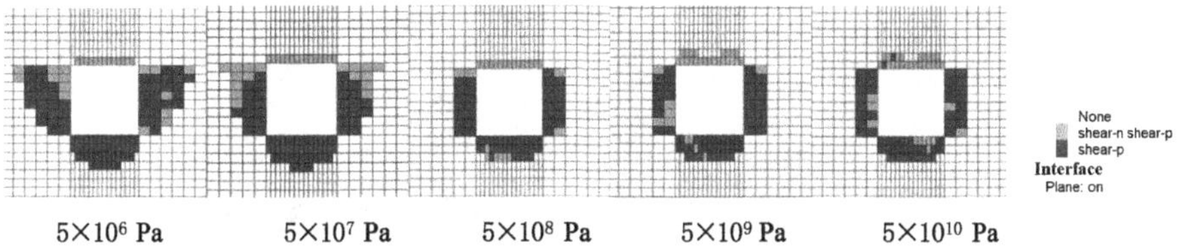

(a) M-C本构模型

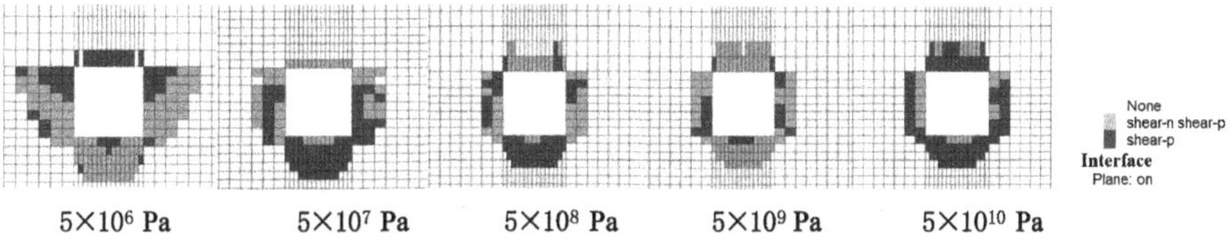

(b) 自定义本构模型

图 4-27　不同界面切向刚度条件下巷道围岩塑性区分布

4.4　界面位置对巷道应力及变形规律的影响

通过 4.2 和 4.3 小节有无界面以及界面切向刚度对巷道变形的影响讨论中可知，界面切向刚度对巷道帮部、顶底板变形影响较大，界面切向刚度越高，对巷道变形的限制作用越明显。而不同煤、岩层厚度的巷道所表现出的变形形态、应力特征及顶底板能量演化特征也不相同，本小节以不同煤岩高度比的巷道为主要变量，通过界面距离巷道底板高度控制煤岩层厚度，将巷道围岩划分为沿顶板巷道、界面在巷道中上部、界面在巷道中部以及界面在巷道中下部四种类型，揭示不同界面位置，巷道应力及变形规律。需要说明的是，为了减少变量，巷道底板岩石均采用与帮部一体的煤层代替，目的是突出本节的研究重点，这是广泛存在的问题之一。

图 4-28 为根据界面位置划分的四种类型巷道，分别为沿顶板巷道、界面在巷道中上部、界面在巷道中部以及界面在巷道中下部，对应的界面距巷道底板距离分别为 3 m、2 m、1.5 m 和 0.5 m。图中区域 A 和区域 B 分别表示在不同界面位置的巷道类型中可能存在的煤岩组合形式，主要包含煤岩高度比以及受力条件，区域 A 在煤柱内部，受力为三轴状态，区域 B 靠近巷道临空侧，受到的侧向应力远小于垂直应力，接近单轴状态。

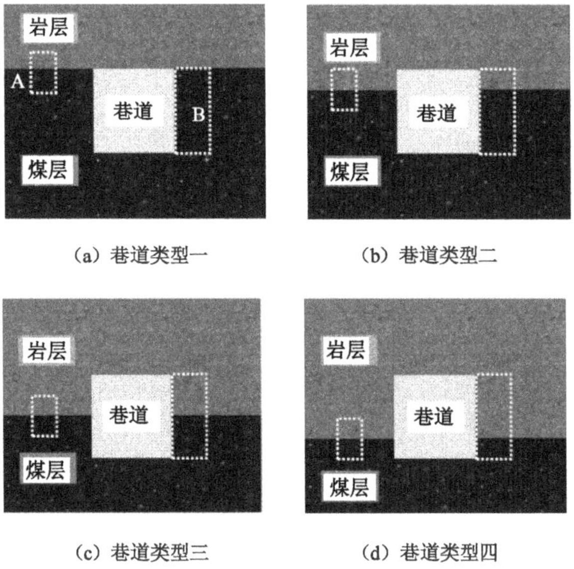

图 4-28　根据界面位置划分的四种类型巷道

模型的具体参数选择如图 4-29 所示。模拟选择巷道尺寸为 3 m×3 m，界面位置分为四种，顶板岩性为泥岩，埋深为 400 m，切向刚度为 5×10^7 Pa。

4.4.1　巷道围岩应力分布规律

图 4-30 为界面位置对巷道围岩应力分布规律的影响，可以看出：

① 两种本构模型下，随着与巷道顶底板距离的增大，围岩应力呈现整体先增大，然后达到峰值，最后再恢复至原岩应力的趋势。

② 两种本构模型下，巷道顶板水平应力峰值与界面距巷道底板距离呈反

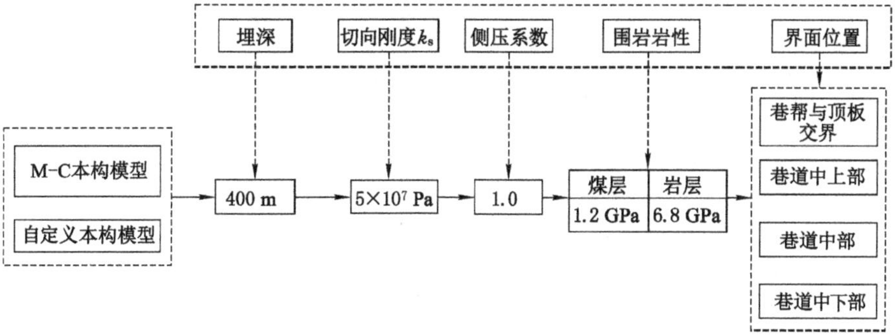

图 4-29　模型各参数选择

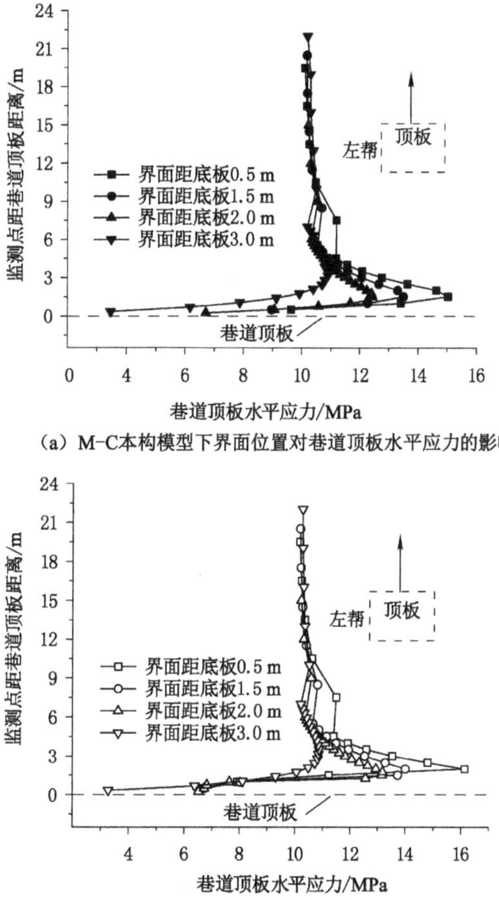

(a) M-C本构模型下界面位置对巷道顶板水平应力的影响

(b) 自定义本构模型下界面位置对巷道顶板水平应力的影响

图 4-30　界面位置对巷道围岩应力分布规律影响

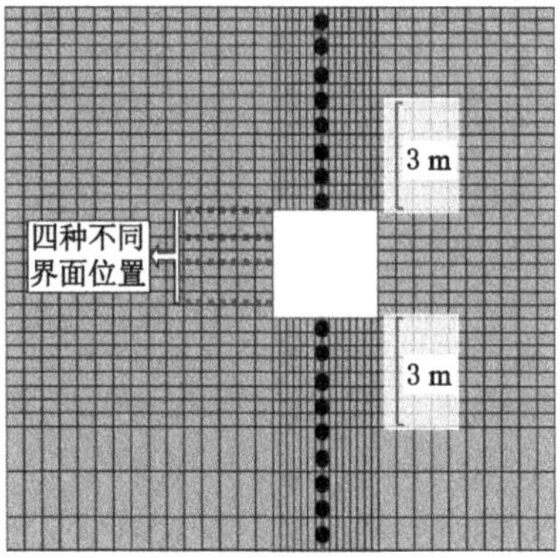

（c）巷道顶底板监测点位置

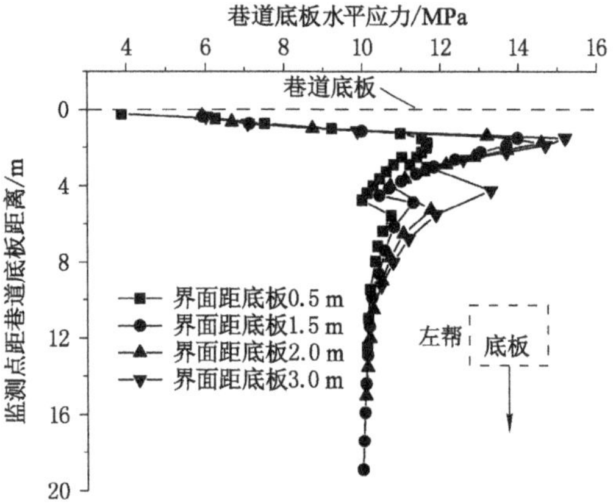

（d）M-C本构模型下界面位置对巷道底板水平应力的影响

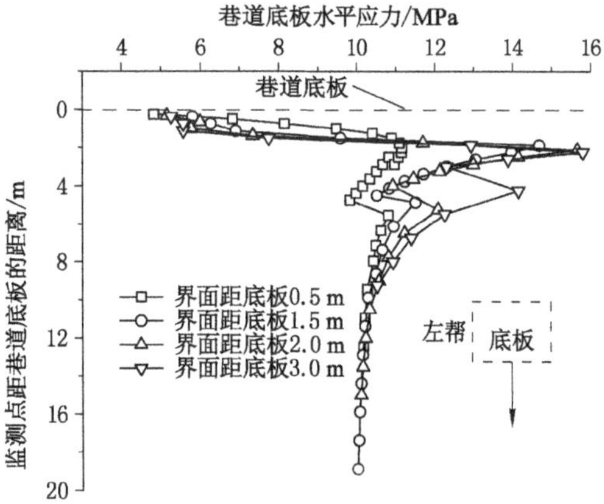

（e）自定义本构模型下界面位置对巷道底板水平应力的影响

图 4-30(续)

比；界面距巷道底板 3 m 时，两种本构模型的巷道顶板水平应力峰值最小，M-C 本构模型为 10.9 MPa，峰值点距离巷道顶板 3.15 m，自定义本构模型为 10.88 MPa，峰值点距离巷道顶板 3.5 m，峰值应力略大于原岩应力；界面距巷道底板 0.5 m 时，两种本构模型的巷道顶板水平应力峰值都有明显的增大，M-C 本构模型为 15.02 MPa，峰值点距离巷道顶板 1.5 m，自定义本构模型为 16.14 MPa，峰值点距离巷道顶板 2 m。

③ 两种本构模型下，巷道底板水平应力峰值与界面距巷道底板距离呈正比；界面距巷道底板 0.5 m 时，两种本构模型巷道底板水平应力峰值较小，M-C 本构模型为 11.67 MPa，峰值点距离巷道底板 1.75 m，自定义本构模型为 11.16 MPa，峰值点距离巷道底板 2 m，峰值大于原岩应力；界面距巷道底板 3 m 时，两种本构模型的巷道底板水平应力峰值都有明显的增大，M-C 本构模型为 15.2 MPa，峰值点距离巷道底板 1.50 m，自定义本构模型为 15.80 MPa，峰值点距离巷道底板 2.25 m。

④ M-C 本构模型和自定义本构模型巷道顶底板的水平应力峰值相差不大，自定义本构模型的应力峰值以及峰值点距离巷道顶板和底板的距离都略大于 M-C 本构模型。

提取两种本构模型的水平应力峰值以及峰值点距巷道顶底板的距离，见表 4-5。

表 4-5　巷道围岩应力峰值及集中系数

本构模型	应力峰值/峰值点距离	界面距离巷道底板距离/m			
		0.5	1.5	2	3
M-C 本构模型	顶板水平应力峰值/MPa	15.02	13.50	12.45	10.90
	距巷道顶部距离/m	1.50	1.50	1.50	3.15
	底板水平应力峰值/MPa	11.67	13.99	14.60	15.20
	距巷道底部距离/m	1.75	1.50	1.75	1.50
自定义本构模型	顶板水平应力峰值/MPa	16.14	14.01	13.18	10.88
	距巷道顶部距离/m	2.00	2.00	1.75	3.50
	底板水平应力峰值/MPa	11.16	14.69	15.66	15.80
	距巷道底部距离/m	2.00	1.88	2.13	2.25

图 4-31 为不同界面位置巷道围岩垂直应力分布云图，从图中可以看出：

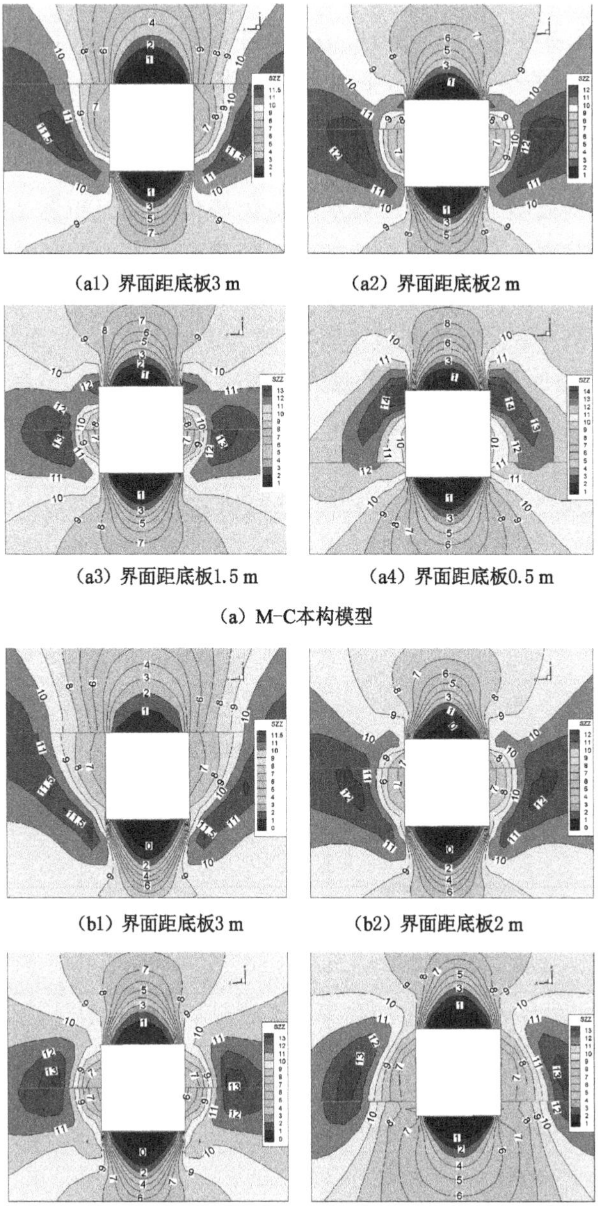

(a1) 界面距底板3 m　(a2) 界面距底板2 m

(a3) 界面距底板1.5 m　(a4) 界面距底板0.5 m

(a) M-C本构模型

(b1) 界面距底板3 m　(b2) 界面距底板2 m

(b3) 界面距底板1.5 m　(b4) 界面距底板0.5 m

(b) 自定义本构模型

图 4-31　不同界面位置巷道围岩垂直应力分布云图

① 随着界面距巷道底板距离的减小，巷道垂直应力集中区域逐渐从偏向巷道底板位置转变为偏向巷道顶板位置。

② 巷道两帮及顶底板为应力降低区域，顶底板降低程度更大，为 0～1 MPa，帮部垂直应力也有降低，为 7～10 MPa。

③ 界面距离底板 3 m 时，从底板至顶板巷道帮部应力集中区域逐渐远离巷道，巷道底角垂直应力较为集中；M-C 本构模型应力集中区域更大，峰值略大于自定义本构模型。

④ 界面距底板 0.5 m 时，应力集中区域偏向巷道顶角位置，向底板方向，集中区域逐渐向巷帮深部转移；M-C 本构模型的应力集中区域距巷道顶角位置更近；M-C 本构模型的峰值应力大于自定义本构模型。

⑤ 界面位于顶底板之间时，帮部岩石部分应力大于煤体；界面距底板 1.5 m 时，在煤岩界面处，M-C 本构模型岩石最小应力为 8.1 MPa，煤体最小应力为 7.3 MPa，相应的自定义本构模型最小应力分别为 7.2 MPa 和 6.1 MPa。

界面的存在使巷道帮部垂直应力向深部转移，巷道在界面处更加容易产生变形、损伤。

4.4.2　巷道围岩变形规律

不同界面位置下巷道帮部变形规律如图 4-32 所示，从图中可以看出：

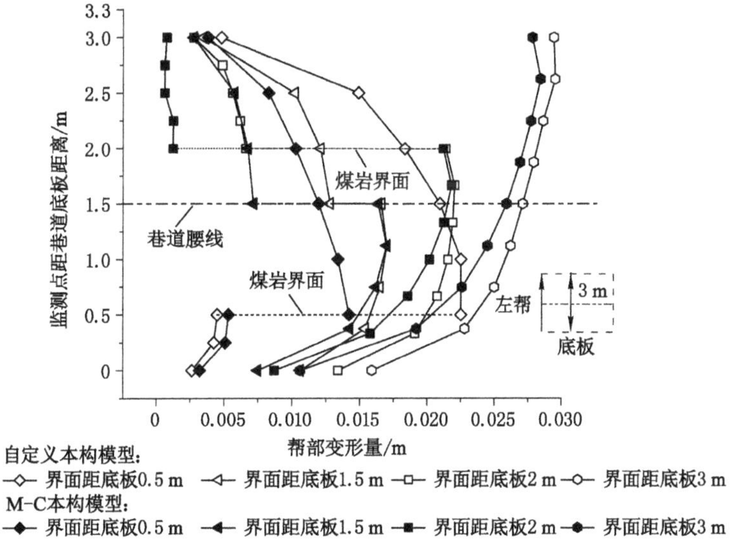

图 4-32　不同界面位置巷道帮部变形规律

① 两种本构模型下，相同界面位置时，巷道帮部的变形形态一致，界面距底板 3 m 时，变形较为连续，变形从界面处至巷帮底部逐渐减小；界面在巷道顶底板之间时，帮部岩石部分和煤体部分变形具有明显的差异性，变形在界面处不连续，岩层和煤层之间有剪切错动。

② 巷道帮部岩石占比越大，即界面距底板的距离越近，巷帮岩石部分变形越大，反之煤体部分的变形越大。

③ 界面距底板距离不小于 1.5 m 时，岩石的变形小于煤体，且巷道帮部煤体变形最大点不在界面位置，帮部呈现略微鼓起的形态；在自定义本构模型下，界面距底板 2.0 m 时，与界面相交处监测点煤体的变形为 0.021 m，而 1.5 m 处的煤体监测点的变形为 0.022 m；当界面距底板 0.5 m 时，岩体变形大于煤体。

④ 自定义本构模型下巷道帮部岩体的变形大于 M-C 本构模型，在界面距底板 1.5 m 时，自定义本构模型下岩体的最大变形为 0.012 m，而相应的 M-C 模型下的最大变形为 0.007 m；在界面距底板 0.5 m 时，自定义本构本构模型下巷道中煤体的变形略有减小。

提取巷道底板的变形数据，如图 4-33 所示。图 4-33 为两种本构模型下不同界面位置巷道底板变形规律，从图中可以看出：M-C 本构模型下，界面位置对巷道底板的变形影响很小，最大变形值在 0.016 2～0.016 6 m 之间，变形形态基本一致；自定义本构模型下，最大变形值在 0.018～0.021 m 之间，且随着界面远离巷道底板，底板变形量逐渐加大。

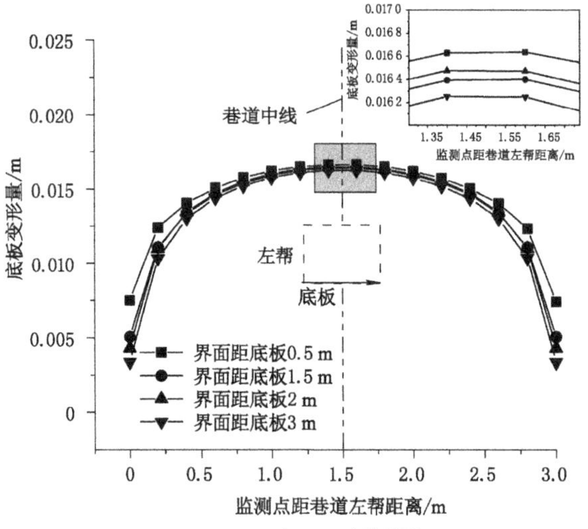

(a) M-C本构模型

图 4-33 两种本构模型下不同界面位置巷道底板变形规律

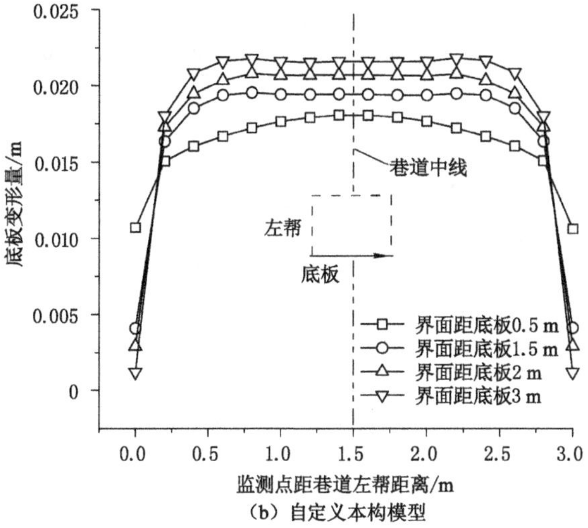

(b) 自定义本构模型

图 4-33(续)

图 4-34 为两种本构模型下不同界面位置巷道顶板变形规律,从图中可以看出:M-C 本构模型下,随着界面远离底板,顶板变形量增大,最大变形值在 0.006～0.0114 m 之间,呈下凹形式,中部变形最大,向两端逐渐减小;自定义本构模型下最大变形值变化范围较小,在 0.009 5～0.011 4 m 之间,界面距巷道底板 2 m 和 1.5 m 时,巷道顶板下凹程度较小,监测点距巷道左帮 0.5～2.5 m 时,顶板变形量整体变化较为平缓。

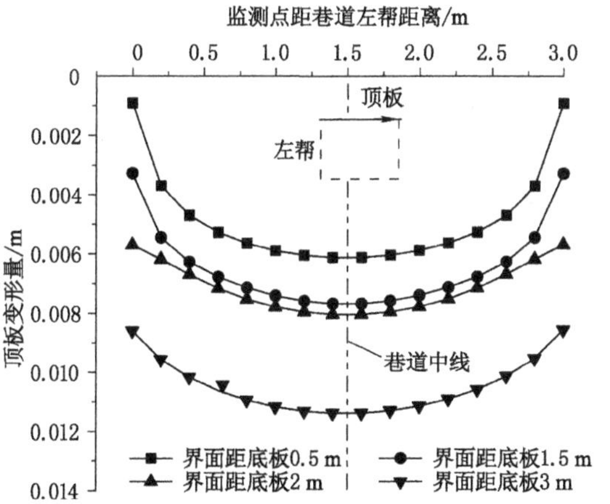

(a) M-C本构模型

图 4-34　不同界面位置巷道顶板变形规律

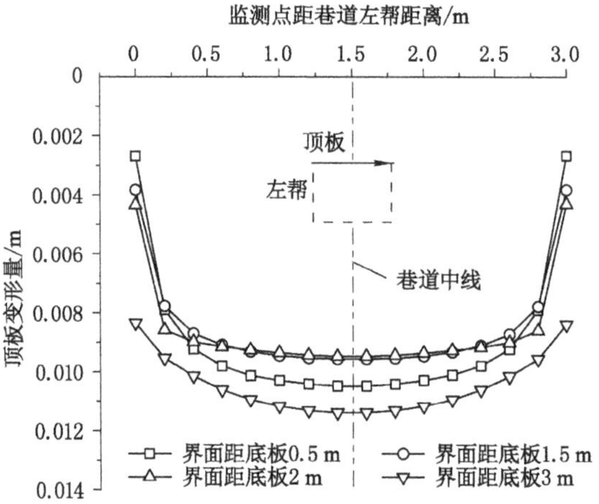

(b) 自定义本构模型

图 4-34(续)

图 4-35 和图 4-36 分别为 M-C 本构模型和自定义本构模型下不同界面位置巷道水平变形云图。由于两侧变形具有对称性,只截取巷道左半部分,可以看出:不同界面位置的巷道帮部变形形态不同,界面远离巷道底板时,下部煤层高度占比大,煤柱易发生变形失稳,变形量大于上部岩体部分,煤体沿界面有剪切错动;随着煤层高度占比的减小,岩石的变形逐渐增大,当巷道内部煤层厚度为 0.5 m 时,岩层的最大变形大于煤层;在 M-C 本构模型条件下,不同界面位置的底板鼓起量与鼓起形态差别不大,而随着界面位置向底板移近,自定义本构模型的底板鼓起呈先增大后减小的趋势。

图 4-37 为两种本构模型在不同界面位置时,巷道帮部煤岩体变形最大值变化趋势,由图可以看出:两种本构模型的巷道帮部煤体变形最大值基本一致,岩体变形最大值差别较大,自定义本构模型的岩体变形最大值大于 M-C 本构模型;通过煤岩体最大变形曲线的交叉点可以大致判断出当岩体和煤体变形量达到一致时界面应处于的位置,M-C 本构模型界面位置在距底板约 0.9 m 处,自定义本构模型约为 1.3 m 处。

4.4.3 巷道围岩塑性区分布规律

图 4-38 为不同界面位置巷道围岩塑性区分布,由图可以看出:

(1) 两种本构模型下,当界面距巷道底板 3 m 时,两帮和顶板的塑性区扩展范围基本一致,分别约为 1.5 m 和 0.35 m,底板的塑性区宽度不同,M-C 本构模型约为 1.5 m,自定义本构模型约为 1.875 m,顶板的塑性区扩展范围较小,两

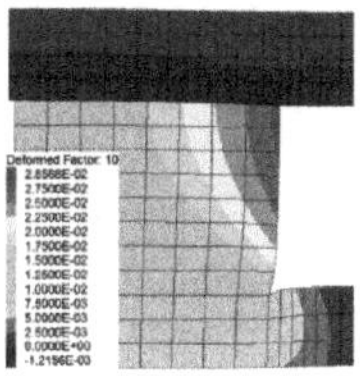

(a) 界面距底板3 m

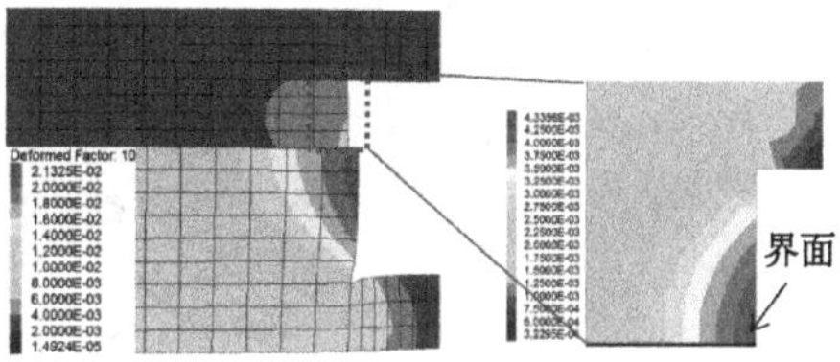

(b) 界面距底板2 m

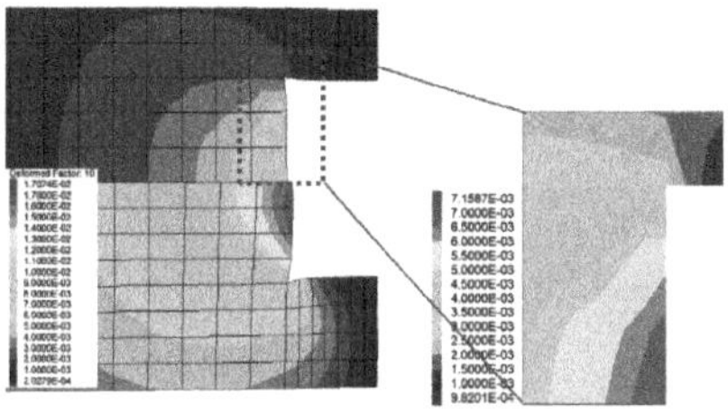

(c) 界面距底板1.5 m

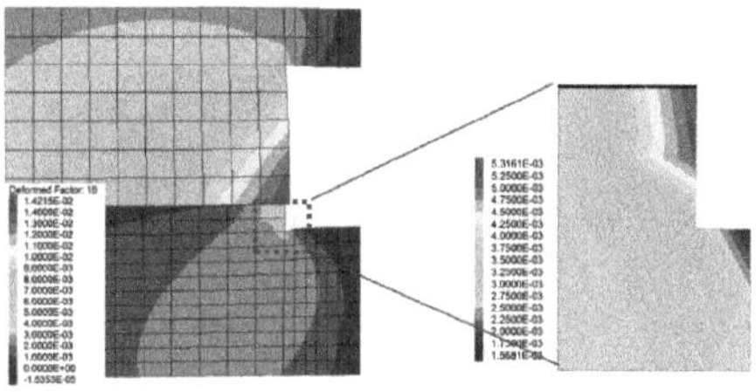

(d) 界面距底板0.5 m

图 4-35　M-C 模型下不同界面位置巷道水平变形云图

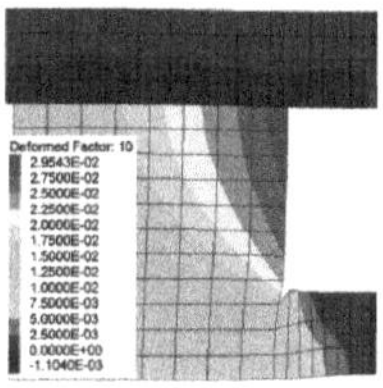

(a) 界面距底板3 m

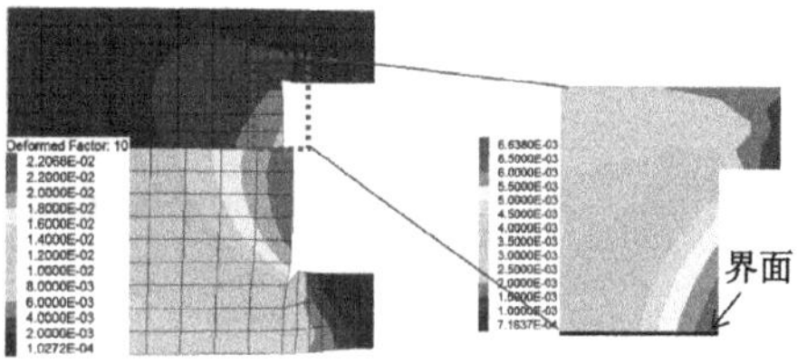

(b) 界面距底板2 m

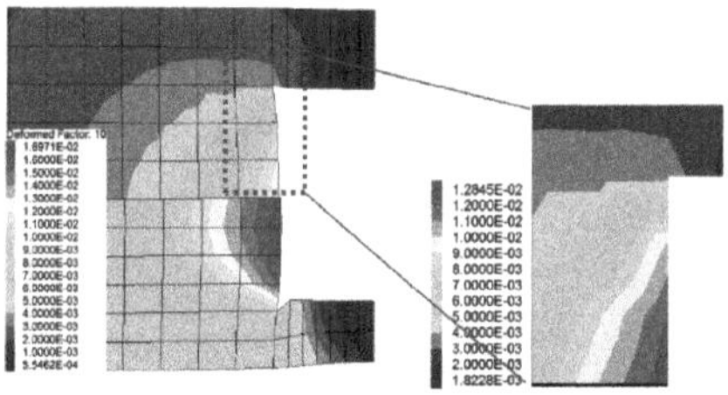

(c) 界面距底板1.5 m

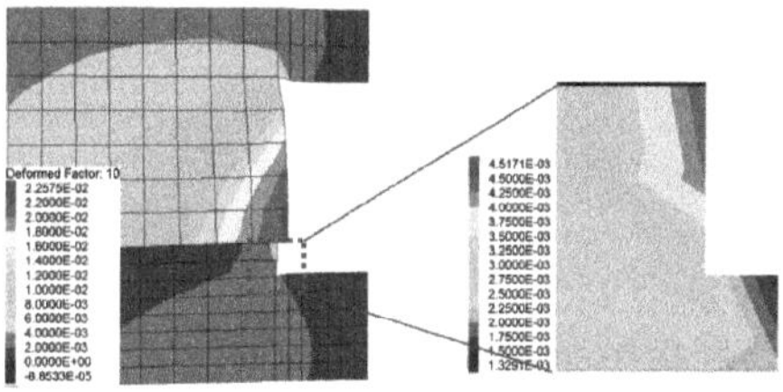

(d) 界面距底板0.5 m

图 4-36　自定义本构模型下不同界面位置巷道水平变形云图

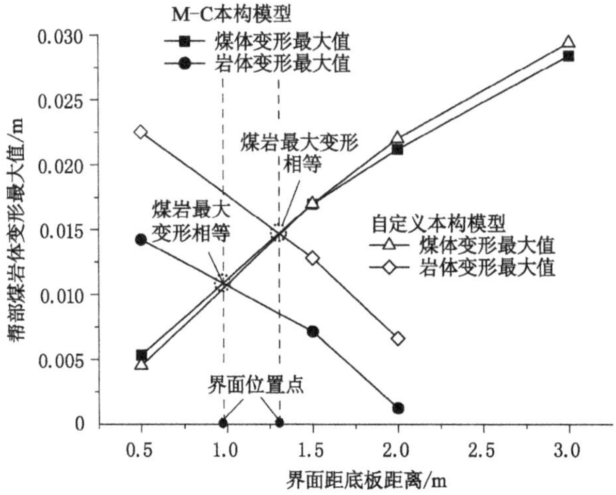

图 4-37　帮部煤岩体变形最大值变形趋势

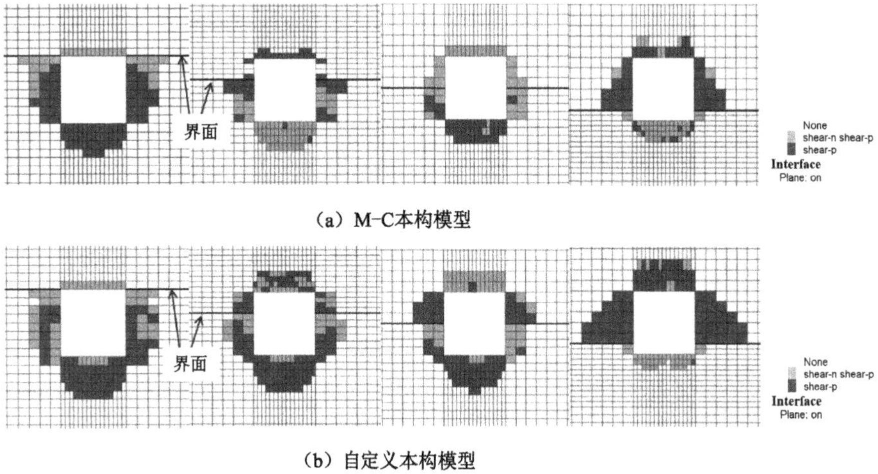

图 4-38　不同界面位置巷道塑性区分布

帮及底板的范围较大。

(2) 两种本构模型下，当界面距巷道底板 0.5 m 时，底板的塑性区范围较小，M-C 本构模型约为 1 m，自定义本构模型约为 0.75 m，两帮塑性区范围较大，M-C 本构模型两帮及顶板分别约为 1.5 m 和 1 m，自定义本构模型分别约为 2.5 m 和 1.5 m；靠近界面位置破坏范围更大，且越靠近顶板位置，帮部塑性区越小。

(3) 两种本构模型下，当界面距巷道底板 2 m 和 1.5 m 时，巷道在界面位置的塑性区范围更大，两者顶底板围岩塑性区范围基本一致，为 1.0 m 和 2.25 m，两帮最大达到 1.5 m。

(4) 不同本构模型、相同界面位置时，两者塑性区分布形态相似，自定义本构模型的塑性区扩展范围更大。

实际现场地质条件中的半煤岩巷道底板为煤层的情况较少，其底板多为岩石，如图 4-39 所示。

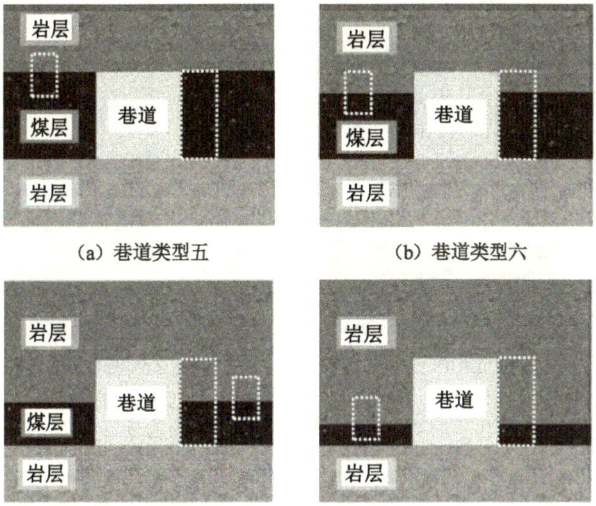

(a) 巷道类型五　(b) 巷道类型六

(c) 巷道类型七　(d) 巷道类型八

图 4-39　底板为岩石的巷道形式

根据单界面巷道类型一～巷道类型四，可以模拟得到当巷道底板为岩石时，即模型含有两个界面时巷道的变形形态，如图 4-40 所示(图片变形放大 10 倍)。

图 4-40(a)为巷帮全为煤时含双界面围岩变形云图，与单界面巷道类型一相对应，可以看出：巷道帮部变形呈整体外挤且两端小、中间大的形态，帮部中间变形最大达到 8.47 cm；两帮的塑性区扩展很大，约为 3.5 m，顶板塑性区约为 1.65 m，底板塑性区扩展约为 1.87 m。

图 4-40(b)、(c)、(d)分别对应巷道类型二、类型三和类型四三个单界面巷道模型，三个双界面巷道帮部煤体最大变形位置不再偏向与巷帮岩石相接触位置，而是向下转移，更靠近巷道底板位置，最大变形分别达到 4.07 cm、3.7 cm、3.3 cm；三个双界面巷道帮部岩体变形也有增大。

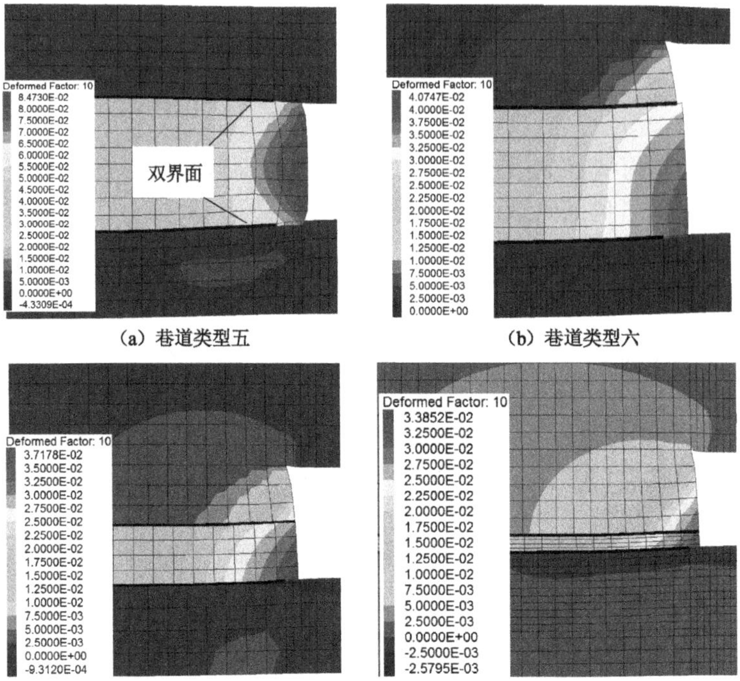

(a) 巷道类型五　(b) 巷道类型六

(c) 巷道类型七　(d) 巷道类型八

图 4-40　底板为岩石的双界面巷道围岩变形云图

图 4-41 显示巷道类型六的塑性区范围，帮部煤体塑性区为 2 m，岩体为 1.5 m，顶板达到 1.25 m，底板明显减小，为 0.36 m。巷道类型七的帮部煤体塑性区为 2.5 m，岩体为 2 m，顶板达到 1.5 m，底板塑性区相比单界面巷道明显减小，为 0.56 m。巷道类型八的帮部煤体塑性区明显小于岩体，煤体塑性区为 1 m，岩体塑性区呈近似“梯形”分布，靠近顶板塑性区较小，为 1.5 m，靠近煤体为 3 m，顶板达到 1.83 m，巷道底板塑性区明显减小，为 0.2 m。

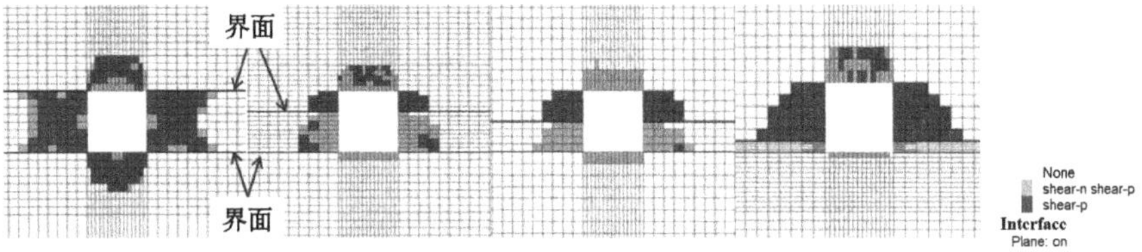

图 4-41　底板为岩石的双界面巷道围岩塑性区分布

双界面巷道与单界面巷道围岩的变形形态有明显差别，双界面围岩变形更大，且变形最大位置不再为单界面巷道煤岩交界处，而是偏向巷道底板；帮部煤岩的塑性区扩展更大，与巷道中暴露的煤岩比例有关，随着煤体高度占比减小，双界面巷道相比单界面巷道围岩塑性区扩展分别增加了 130%、33%和 150%，随着煤体高度占比减小，煤体只有 0.5 m 时，双界面和单界面巷道中煤体的塑性区扩展相同，双界面巷道的底板塑性区明显小于单界面巷道。

4.5　本章小结

本章节以巷道的埋深、界面刚度、界面位置、围岩岩性和巷道的侧向压力系数为变量探究了 M-C 和自定义两种本构模型下含界面巷道的变形机理，得到了以下结论：

(1) 巷道有界面与无界面条件下，巷道变形是完全不同的，无界面时，巷道帮部呈现中间鼓起，与顶板和底板接触位置两者之间连接无错动、变形较小；有界面时，巷道帮部呈整体挤出，与顶板交界处变形最大，向下依次减小，帮部煤柱与顶板之间滑移错动明显；随着巷道埋深增加，巷道应力-变形及塑性区逐渐加大，帮部逐渐呈整体挤出的趋势；自定义本构模型比 M-C 本构模型计算得到的巷道变形及塑性区范围更大，围岩更快达到塑性损伤状态；采用两者完全黏结即无界面的方式模拟巷道的变形缺乏合理性。

(2) 切向刚度较小时，帮部的变形及塑性区范围呈现出“上大下小”的形态；随着界面切向刚度的增加，巷道帮部与顶板交界位置的变形量逐渐减小，巷道变形逐渐接近无界面存在时的形态，界面刚度大于 5×10^{8} Pa 时，位移最大值转移至巷道中部位置；随着界面切向刚度的增加，巷道垂直应力峰值呈逐渐递增的趋势，水平应力峰值逐渐向巷道顶板转移，巷道两帮及底板塑性区呈先降低，然后逐渐平稳的状态。

(3) 界面位于巷道帮部最上方时，帮部煤柱的变形较为连续，变形从界面处至巷帮底部逐渐减小；界面在巷道顶底板之间时，帮部岩石部分和煤体部分变形在界面处不连续，岩层和煤层之间有滑移错动，巷道帮部岩石高度占比越大，巷帮煤体部分变形越大；自定义本构模型计算的巷道峰值以及峰值点距离巷道顶部和底部的距离都略大于 M-C 本构模型。

(4) 自定义本构模型下的双界面巷道与单界面巷道相比，围岩变形更大，且变形最大位置偏向巷道底板；帮部煤岩的塑性区扩展更大，与巷道中暴露的煤岩比例有关，随着煤体比例减小，双界面巷道相比单界面巷道围岩塑性区扩展分别增加了 130%、33%和 150%。

(5) 当煤层弹性模量较小时,巷道不再是以帮顶之间剪切滑移为主引起的变形,而是煤柱的整体失稳,帮部中部和靠近底板位置变形最大;而随着煤层强度的增加,变形呈指数形式下降;顶板弹性模量改变对帮部变形影响相对较小;随着顶板和煤层强度等级逐渐增大,巷道顶板相对帮部变形值较小;顶板弹性模量改变时,顶板最大变形值持续降低,变形下降幅度逐渐减小。

第 5 章　高应力巷道含层理围岩变形控制原理

第 4 章分析了影响含层理巷道应力及变形的关键因素，从中可以得到，控制弱黏结巷道变形的关键在于减少巷道帮部在高应力作用下的滑移错动、提高巷道围岩承载能力。本章节在第 4 章节的基础上，提出了“帮顶一体，控让结合”的新型支护方式，充分发挥围岩的整体性和自承载性。数值模拟研究了控制帮部和顶板滑移的锚索合理布置方式，使帮部和顶板达到协同稳定变形，并在实验室开展了巷道围岩变形控制相似模拟试验，验证新型支护方式对围岩变形的控制效果。

5.1　锚索合理支护方式分析

5.1.1　合理支护角度布置

含层理巷道帮部变形主要以帮部和顶板的剪切滑移错动以及受巷道挤压帮部鼓起为主，其受力形式如图 5-1(a)所示。控制帮部的滑移错动要使其支护“着力点”在稳定的层位，穿层锚索利用锚索高强锚固力使巷道帮部与巷道稳定顶板岩层连接起来。在仅考虑岩层错动时，在原岩应力下帮部煤体的受力形式可以简化为两个煤岩体的错动，建立的倾斜锚索支护模型如图 5-1(b)所示。

模型尺寸(长×宽×高)为 20 m×2 m×20 m，分为上下两个块体，块体之间设置界面，界面的剪切刚度为 0.05 GPa，法向刚度为 300 GPa，摩擦角为 15°。锚索采用 pile 单元，锚索长度 8 m，锚入点距离岩石为 0.8 m。模型上方施加垂直应力为 10 MPa，上方岩体水平方向固定，下部煤体左侧为自由边界，右侧为水平固定约束。考虑到锚索主要起到限制变形的作用，其抗拉拔能力远大于剪切强度，因此尽量减少锚索受到的剪切力。选择的锚入角度为 10°、15°和 20°三种，每排布设 3 根锚索。在模型中选取监测点，记录监测点的位移变化情况。监测点选取在模型锚杆锚固区域附近，坐标为(1，0.8，4.5)。监测点位移随时步和支护角度变化如图 5-2 所示，从图中可以看出，锚索角度越小，监测点的位移量越小，监测点的最大位移值和锚索角度呈近似线性增长的趋势。

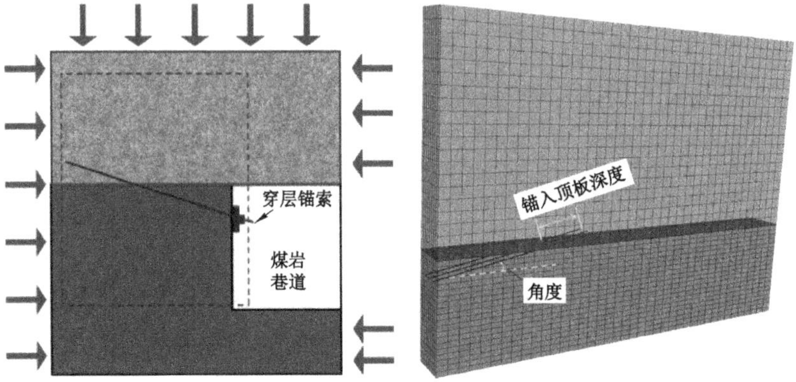

(a) 巷道受力形式　　(b) 倾斜锚索支护模型

图 5-1　倾斜锚索支护简化过程

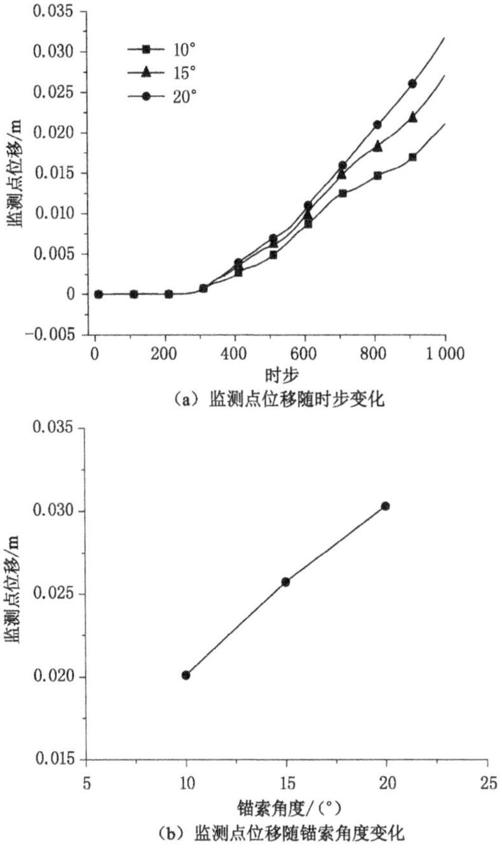

(a) 监测点位移随时步变化

(b) 监测点位移随锚索角度变化

图 5-2　测点位移随锚索角度变化

提取锚索轴向应力，其变化趋势如图 5-3 所示。由图 5-3 可知，锚索的角度越小，锚索轴向应力越大，锚索起到了更大的拉应力作用，对试样位移限制更好。

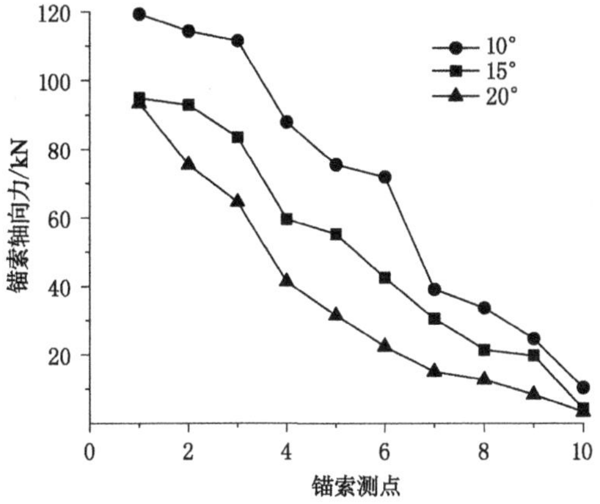

图 5-3　锚索应力值变化

锚索角度与锚入顶板距离和深度的关系如图 5-4 所示，由图可知：当锚索位置一定时，锚索角度越大，锚入顶板的深度越深，锚入顶板的长度越长，锚索支护角度为 10°时，锚入顶板距离为 3.4 m，深度为 0.4 m；锚索角度为 10°时，锚索的拉应力较大，能更好地发挥锚索的张拉效应。

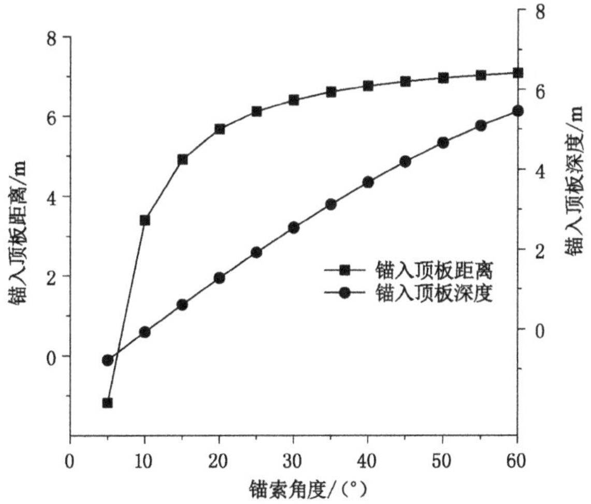

图 5-4　锚索角度与锚入顶板距离和深度的关系

同时现场施工时，角度过小不利于顶锚钻机的控制。因此，综合确定合理的锚索支护角度为 10°。

5.1.2 合理锚索长度布置

穿层锚索锚固至顶板稳定岩层中，给帮部煤体提供稳定的“着力点”，需要对其锚入岩石的合理长度进行确定。锚入岩石中长度过长，导致施工效率下降、施工成本增加、材料浪费，对巷道帮部的控制效果并没有明显的提高，因此在上一小节建立岩块剪切模型的基础上，设定 6 种锚入岩石的锚索长度，分析其对岩块剪切的控制作用，如图 5-5 所示。

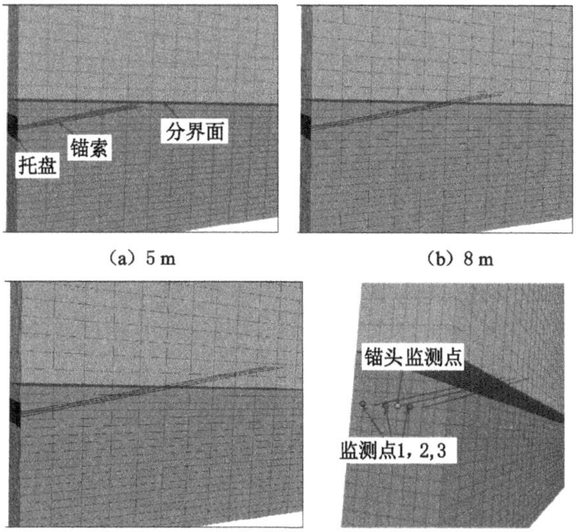

(a) 5 m　(b) 8 m　(c) 11 m　(d) 监测点布置

图 5-5　不同锚索长度模型及位移监测点布置

图 5-5(a)～(c)中列出了 3 种锚索长度模型图示，图 5-5(d)为所选取的围岩监测点，选取监测点 1～监测点 3 分别为 3 根锚索锚固端头中间围岩监测点，另选取一个锚索端部监测点，其相同计算步数下围岩变形趋势及变形云图如图 5-6 所示。

从图 5-6 中可以看出：当锚索长度为 5 m 时，锚索没有锚入顶板岩石中，在应力作用下，锚索逐渐失去锚固作用，没有稳定的锚固点，围岩变形较大；随着锚索长度加长，围岩监测点 1～监测点 3 的变形呈指数形式逐渐减小，得到其拟合方程式为 $y=24.84\exp(-x/2.4)+2.58$，$R^2=0.976$；当锚索长度大于 8 m 时，围岩的变形减小量很小，此时锚入岩石长度为 3.4 m，当再增加锚索锚入岩石长

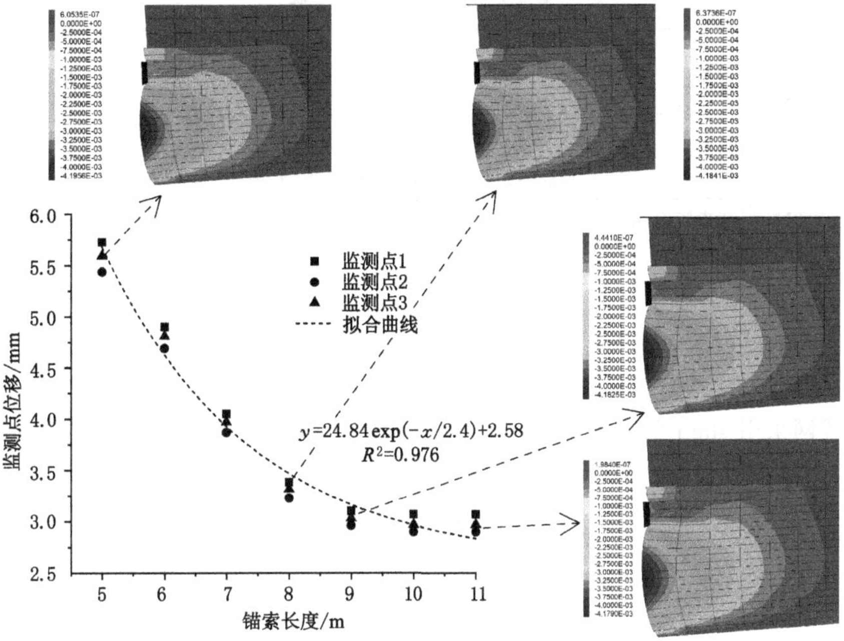

图 5-6　围岩变形趋势及变形云图

度时，对围岩变形的控制效果并没有很大提升；锚索长度为 9 m 时，锚入岩石长度为 4.4 m，围岩变形较锚入岩石长度为 3.4 m 时减小了 8.3%；相应的锚索锚入岩石长度为 5.4 m 时，围岩变形较锚索锚入岩石长度为 4.4 m 时减小了 2.1%。按照倾角为 10°计算，锚索锚入岩石长度为 3.4 m 为临界值，锚入岩石长度大于 3.4 m 时，对岩石的变形控制效果提升不大。因此，合理地穿层连接帮部和顶板的锚索长度为 8 m。

5.2　含层理巷道变形控制数值模拟试验

高应力含层理巷道变形主要是由于煤层和岩层之间缺少有效的黏结，导致巷道围岩整体性差。本节采用 3 种类型的支护方案进行对比，模拟研究不同控制方案对含煤岩界面巷道变形及塑性区扩展的影响情况。支护方案一为巷道无支护；支护方案二为直锚杆＋顶板锚索＋锚网支护；支持方案三为帮顶斜锚索＋帮部和顶板锚索＋直锚杆＋锚网支护，其中帮部锚索改变不同锚固长度和锚固角度，研究在整体巷道支护系统下的围岩控制效果。巷道支护方式选择见表 5-1。

表 5-1　巷道支护方式选择

支护方案类型	巷道支护方式							
支护方案一	巷道无支护							
支护方案二	直锚杆＋顶板锚索＋锚网支护							
支护方案三	帮顶斜锚索＋帮部和顶板锚索＋直锚杆＋锚网支护							
	锚索长度/m	4	5	6	7	8	9	10	11
	锚索角度/(°)	5		10		15		25	

试验中选用自定义本构模型，采用的锚杆和锚索支护构建的直径都为 22 mm，锚杆材质为 HRB500，锚杆采用 cable 单元模拟，锚索采用 pile 单元模拟，锚网采用 shell 单元模拟。锚杆、锚索与巷道围岩之间修正为刚性连接，用 liner 单元模拟托盘，增加围岩的护表面积。围岩侧向压力系数设置为 1.2，巷道断面尺寸(长×宽)为 4.2 m×3 m，巷道支护布置如图 5-7 所示。

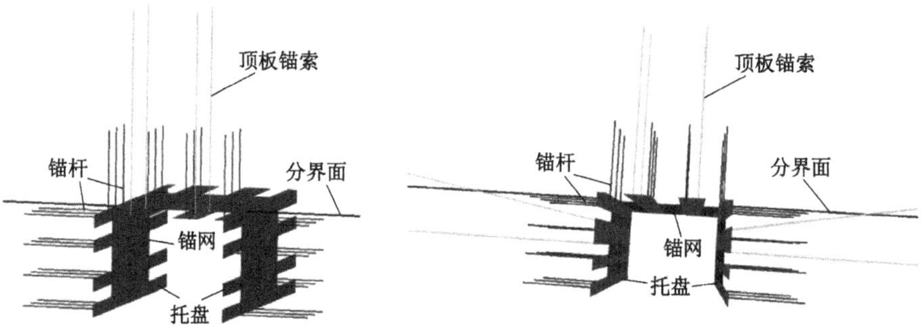

(a) 支护方案二　　(b) 支护方案三

图 5-7　巷道支护布置

锚杆、锚索力学参数参考文献[201]中取值，具体参数取值见表 5-2。

表 5-2　支护构件物理力学参数

支护构件	截面积/mm^2	弹性模量/GPa	屈服力/kN	预紧力/kN	延伸率/%
锚杆	380.1	206	190	85	27
锚索	380.1	210	480	320	7

5.2.1 支护方式对巷道变形的影响

图 5-8 为不同支护方式对巷道帮部围岩变形的影响，其中图 5-8(c)为锚索长度不同对巷道帮部围岩变形的影响趋势，图 5-8(d)为锚索角度不同对巷道帮部围岩变形的影响趋势。由图 5-8 可以看出：

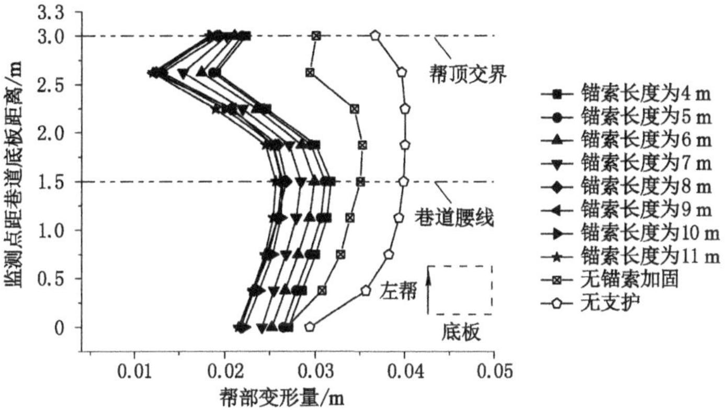

(a) 埋深为400 m时巷道帮部围岩变形趋势

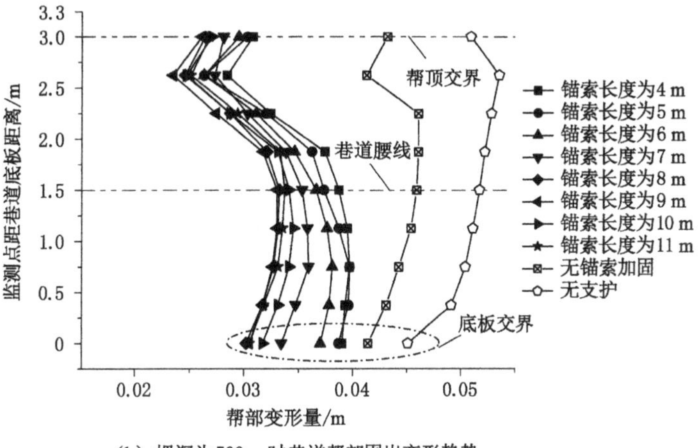

(b) 埋深为500 m时巷道帮部围岩变形趋势

图 5-8　不同支护方式对巷道帮部围岩变形的影响

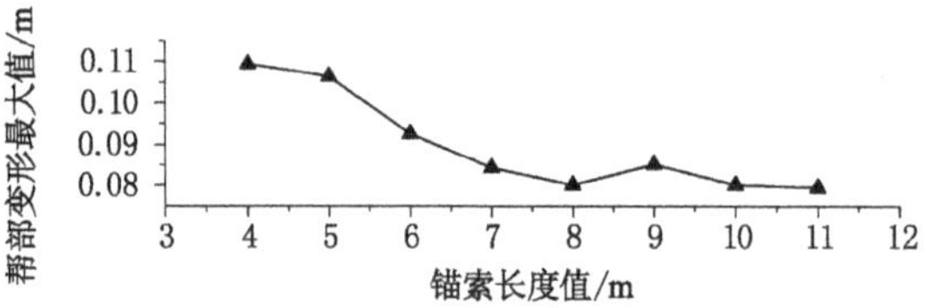

（c1）埋深为800 m

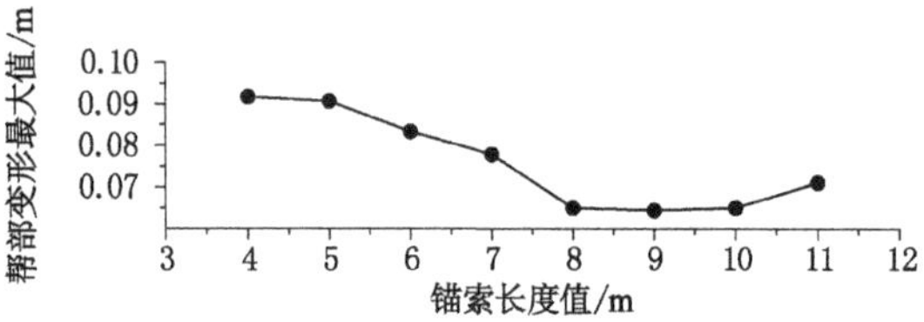

（c2）埋深为700 m

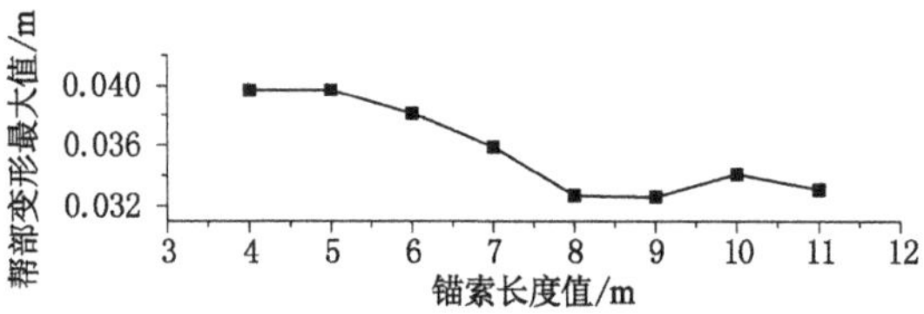

（c3）埋深为500 m

（c）帮部变形最大值随锚索长度的变化趋势

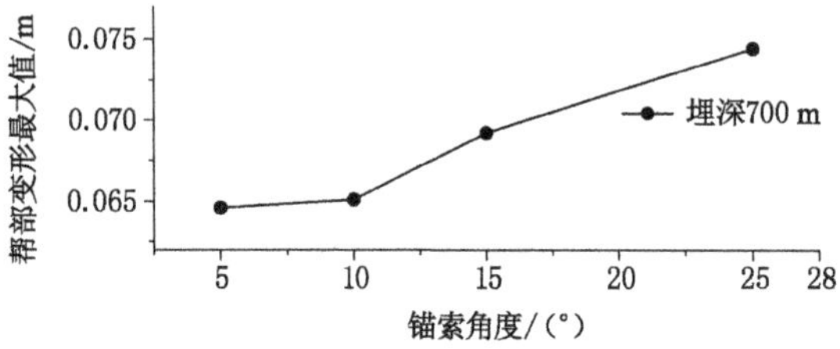

（d1）埋深为700 m

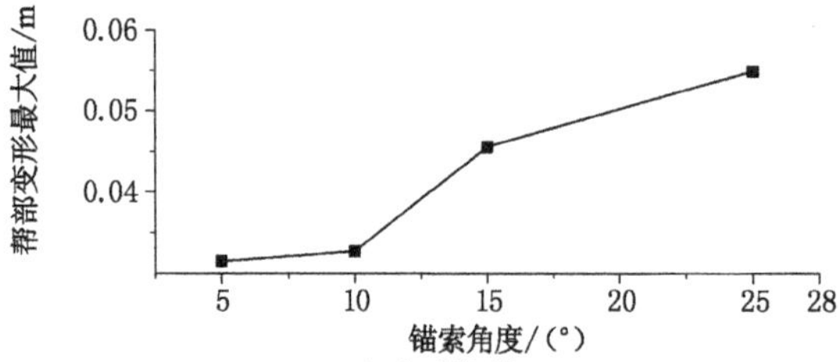

（d2）埋深为500 m

（d2）帮部变形最大值随锚索角度的变化趋势

图 5-8(续)

(1) 埋深为400 m时，无支护条件下，巷道帮部最大变形值为3.98 cm，对应的支护方案二直锚杆索巷道帮部变形最大为3.5 cm，可以看出方案二采用普通锚杆支护对巷道帮部的滑移限制作用不明显，帮部最大变形值减小13.7%；采用支护方案三锚索角度为10°、长度为4 m的帮顶锚索，变形比无支护条件下可以减小25.5%，采用锚索长度为8 m的帮顶锚索，变形可以减小48.6%；而锚索角度为10°、长度为8 m时，围岩的最大变形值相比锚索长度为4～7 m可以分别减小15.5%、13.7%、10.5%、6%，当锚索长度大于8 m时，变形量基本不再降低，减小幅度在1%～4%之间。

(2) 相应的，埋深为500 m时，采用支护方案二帮部最大变形值比无支护时减小12.7%；采用支护方案三锚索角度为10°、长度为4 m的帮顶锚索，变形可以减小33.5%，采用长度为8 m的帮顶锚索，变形可以减小55.7%；锚索角度为10°、长度为8 m时，围岩的最大变形值相比锚索长度为4～7 m时可以分别减小6%～14%，当锚索长度大于8 m时，变形量基本不再降低，减小幅度在1%～2%之间。由图5-8(a)、(b)可以明显看出，采用支护方案三对巷道帮部顶角处的滑移有明显的控制效果，巷道顶角处的变形大幅减小；如图5-8(b)所示，帮部变形最大值逐渐向巷道底板方向转移，因此，加强巷道帮顶联系的同时，应注意巷道底板的支护。

(3) 图5-8(c)为不同锚索长度下巷道帮部围岩变形最大值的变化规律，由图可以看出：随着锚索长度的增加，帮部围岩变形逐渐减小，这是因为锚索长度增加，相当于锚入顶板岩石的长度增加，锚索与帮部和顶板形成系统的锚固力增加；埋深800 m时，锚索仍然锚固在稳定未损伤区域，可以发挥较好的锚固作用，但是再单纯地增加锚固长度，对增强锚固效果影响很小。

(4) 图5-8(d)为不同锚索锚固角度下巷道帮部围岩变形最大值变化规律，由图可以看出，随着锚索角度的增加，巷道帮部围岩变形逐渐增加，锚索对帮顶滑移的控制作用逐渐降低，这是因为锚索角度越小，锚索的抗拉拔效果就越明显，对围岩的支护效果就越好，但是角度过小，锚索无法锚入稳定层，当巷道压力加大时，控制效果较差。

(5) 当锚索角度为10°、长度为8 m时，支护方案三(帮顶斜锚索＋帮部和顶板长锚索＋直锚杆＋锚网支护)将易变形滑移的巷道帮部和顶板连接，对巷道围岩变形失稳具有较好的控制作用，尤其是对帮部的滑移变形限制最大，控制效果明显提升。

5.2.2　支护方式对巷道塑性区的影响

不同支护方案巷道围岩塑性区扩展情况如图5-9所示，由图可以看出：

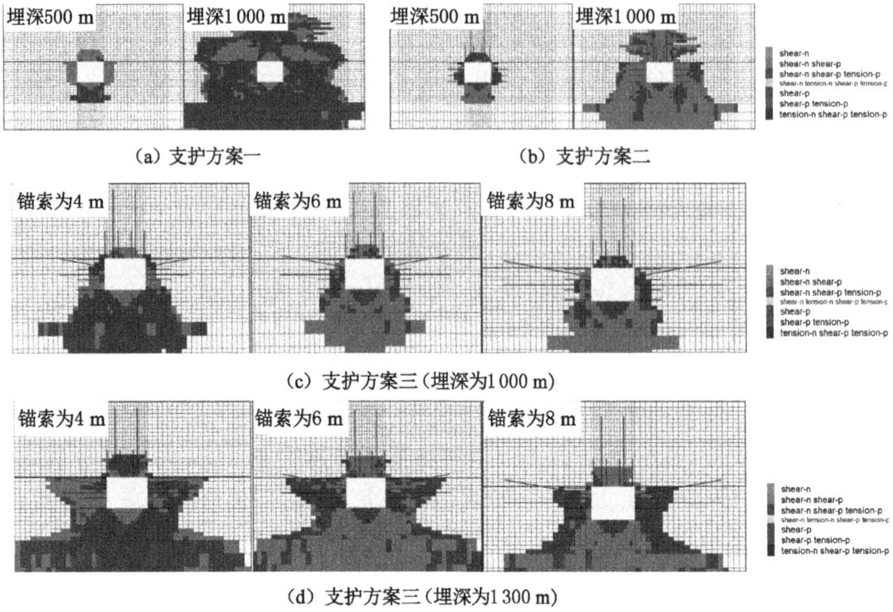

图 5-9　不同支护方案巷道围岩塑性区扩展

(1) 方案一支护条件下,巷道围岩塑性区扩展非常大;靠近界面处的发育深度较大,1 000 m 埋深时帮部塑性区范围最大为 10 m,顶板裂隙区范围最大为 7 m,底板塑性区范围最大为 5.8 m。

(2) 方案二支护条件下,围岩塑性区有所减小。1 000 m 埋深时帮部塑性区范围最大为 4.5 m,超出了帮部锚杆的支护范围;顶板裂隙区范围最大为 4.55 m;底板塑性区范围最大为 6.5 m,底板塑性区有所增大。

(3) 方案三支护条件下,帮部与顶板交界处的塑性区深度进一步缩小,1 000 m 埋深时,帮顶交界处仅为 0.5 m,向底板方向逐渐增大,帮部塑性区深度最大为 2 m,顶板裂隙区范围最大为 1.4 m,底板塑性区范围最大为 6.0 m。

(4) 当巷道塑性区深度小于锚固范围时,不同锚索长度条件下的巷道围岩塑性区扩展相差不大;当埋深达到 1 300 m 时,帮部裂隙区进一步扩展,方案三锚索长度为 8 m 塑性区扩展范围明显小于锚索长度为 4～7 m,特别是没有锚入顶板岩层帮顶交界处塑性区进一步扩展。

(5) 采用支护方案三时,对比相同压力情况下,巷道塑性区扩展更小,帮顶锚索为 8 m 时可以有效降低围岩塑性区扩展,限制两帮与顶板的滑移错动,将帮部围岩锚固在顶板稳定岩层中,使巷道围岩形成整体,发挥出更好的支护作用。

在以上含界面围岩变形控制模拟过程并结合以往巷道支护经验中发现:巷道帮部和顶板经过一系列措施加固支护后,往往能维持稳定,变形量逐渐减小。但是,采用加强支护时,底板的塑性区扩展仍然较为显著,底板在无支护的条件下,变形逐渐向底板方向转移,底板变形逐渐加大,变形超过加固前巷道底鼓量。长时间变形下,两帮及顶板完整性逐渐弱化,巷道加固逐渐失效。根据以往的研究,底板支护主要采取底板注浆加固、开卸压槽、底板预应力锚固等措施。如图 5-10 和图 5-11 所示,对底板进行干预支护后底板变形和塑性区明显减小,其中底板最大变形值分别减小 13.5%、36.8%和 44.7%,帮部变形有微量增加。因此,应注意对底板变形的监测,加强底板管控,实时优化巷道支护方案,保证巷道安全,必要时对底板进行加固、卸压。

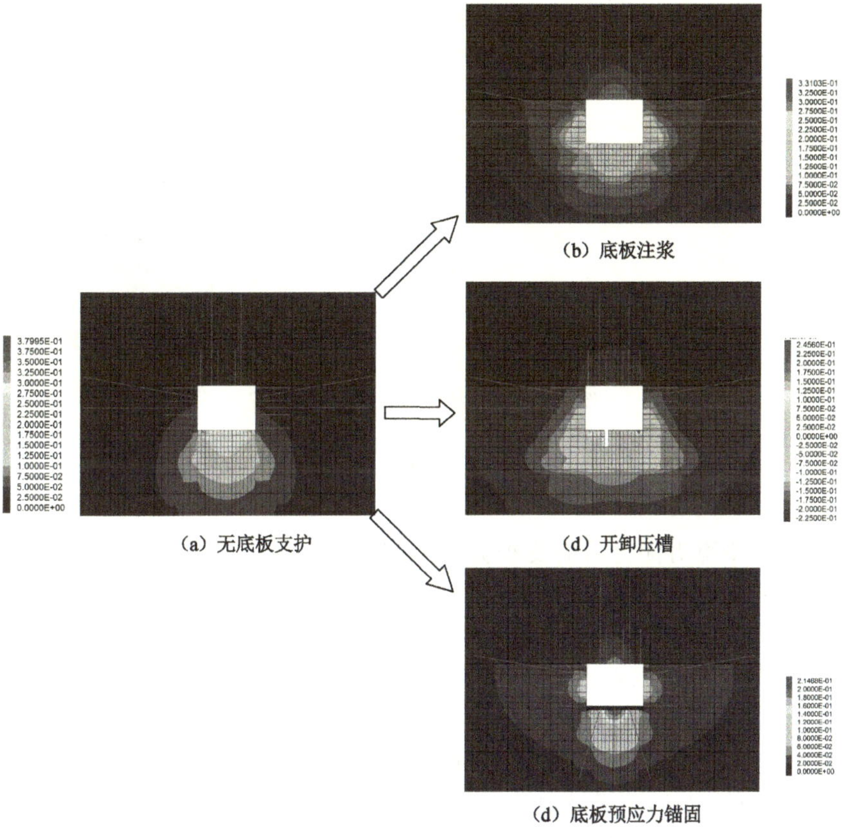

图 5-10 巷道围岩变形情况

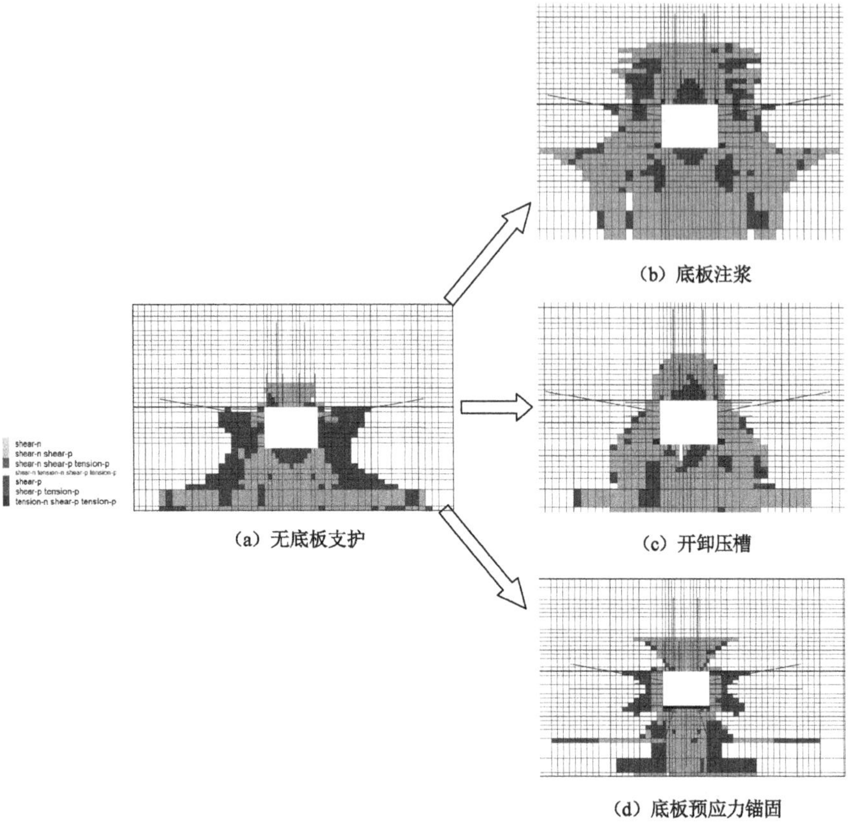

图 5-11　巷道围岩塑性区发育情况

5.2.3　支护构件应力响应特征

为进一步说明优化后的支护方案三对巷道围岩的支护作用，提取埋深为 400 m 和 700 m 条件下，帮顶锚索长度为 8 m、角度为 10°时的锚杆、锚索应力云图，如图 5-12 所示。

从图 5-12 中可以看出：埋深为 400 m 时，支护方案三的锚杆最大应力达到 459 MPa，约为极限载荷的 72.3%，顶板锚索最大应力达到 796 MPa，约为极限载荷的 62.6%；埋深为 700 m 时，支护方案三的锚杆最大应力达到 583 MPa，约为极限载荷的 92%，顶板锚索最大应力达到 816 MPa，约为极限载荷的 65.5%。锚杆、锚索较长区段处于高应力范围，锚杆部分区段已达到屈服状态。锚杆和锚索给围岩提供较大的约束，特别是帮部倾斜锚索，高应力区域深入顶板部位更

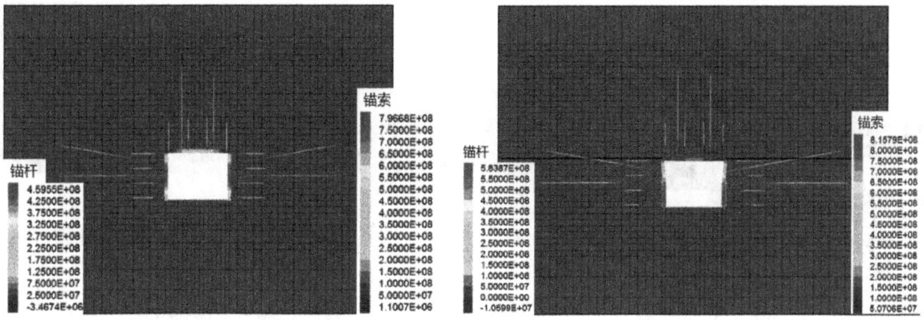

(a) 埋深为400 m　　(b) 埋深为700 m

图 5-12　锚杆、锚索应力云图

深，对帮部和顶板界面位置塑性区有很好的限制作用。锚杆和锚索应力随巷道埋深逐渐增加，锚索的支护还有一定余量，能承担更大的巷道载荷。

5.3　含层理巷道变形控制相似模拟试验设计

5.3.1　试验目的

对巷道支护而言，由于现场条件复杂，在现场进行试验成本高，需要投入大量的人力和物力，而相似材料模拟试验可以人为地对试验条件、支护方式等进行改变，以单因素或者多因素变量进行试验模拟，试验成本较低、周期较短，同时便于观测，可以更好地了解支护方式对巷道围岩变形的影响过程，并且与原型相似程度高，能最大限度地反映原型的本质。试验主要目的为：① 了解新型支护方式下巷道围岩变形及应力场变化规律；② 了解新型支护方式对巷道围岩变形的控制作用。

5.3.2　相似模拟试验仪器设备

本节运用中国矿业大学自主设计的巷道灾害模型控制试验系统对巷道围岩变形规律进行相似模拟试验，实验台尺寸(长×宽×高)为 1.0 m×0.25 m×1.0 m，它分为两个回路，分别对水平方向、垂直方向同时加载，共有加载装置、控制系统和监测系统，可以实现深部巷道在垂直应力和水平应力共同作用下的围岩变形试验。应力检测采用埋设应变盒的方式，使用 XL2118A16 静态应变仪记录加载过程中巷道围岩压力的变化，巷道相似模拟试验系统如图 5-13 所示。

图 5-13　巷道模型试验装置图

5.3.3　相似模拟试验参数选择

相似模拟试验是根据现场实际条件，如围岩压力、岩石强度、高度、密度、巷道尺寸、支护体尺寸及强度等因素，按照一定比例缩小以模拟现场围岩条件。

相似模型材料骨料选用细河砂，河砂的粒径不能大于 2 mm；胶结材料为石膏和碳酸钙，铺设每一分层时用云母粉进行分层处理，减少层与层之间的黏结作用；煤由于其容重小，加进适量的锯末以减少其容重。

模拟试验以潞安集团漳村煤矿 25 采区大巷为工程背景，大巷为沿顶板掘进的巷道。巷道顶板与煤层之间胶结弱，巷道呈现出两帮大范围移近、顶板下沉、底板鼓起等变形特征。模型采用的几何相似比 C_l 为 3∶100；实测得到岩层的密度为 2.5 g/cm^3，模型的密度为 1.5 g/cm^3，因此容重相似比系数 $C_\gamma=C_\rho=0.6$；质量相似比 $C_m=C_l^3C_\gamma=1.62\times10^{-5}$；应力相似比 $C_p=C_\gamma C_l=0.018$。

相似模型层厚及分层质量见表 5-3。

表 5-3　相似模型层厚及分层质量

岩层岩性	层厚/cm	分层质量/kg				
		砂子	碳酸钙	石膏	水	木屑
泥岩	6.30	19.69	1.18	2.76	2.36	—
细粒砂岩	29.10	81.56	8.15	19.03	10.87	—
泥岩	11.25	35.31	2.12	4.95	4.23	—

表 5-3(续)

岩层岩性	层厚/cm	分层质量/kg				
		砂子	碳酸钙	石膏	水	木屑
煤层	18.60	60.10	7.02	3.00	7.80	1.5
细粒砂岩	9.40	26.40	2.64	6.17	3.53	—
粗砂岩	24.60	74.40	5.58	13.02	9.30	—

模型分层及监测点布置情况如图 5-14 所示。压力盒检测巷道顶底板应力变化,测线反映巷道围岩变形情况。

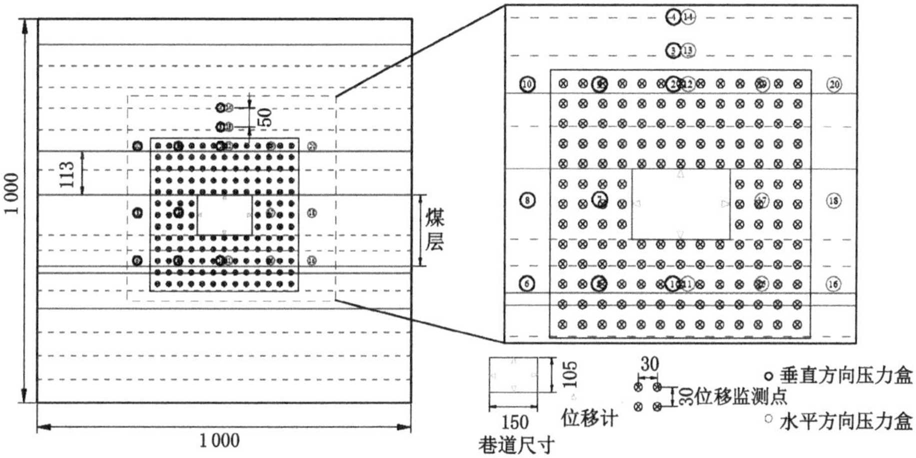

图 5-14　模型分层及监测点布置情况

(1) 巷道顶底板应力测量

在巷道顶底板范围内共布置 20 个压力盒,压力盒分为两种布置方式,水平方向布置和垂直方向布置,主要分布在巷道的顶底板及巷道中部层位位置。顶板测线距巷道顶板 11.3 cm,巷道中部垂直布置三层压力盒,相隔 5 cm,顶底板压力盒左侧放置垂直方向压力盒,右侧放置水平方向压力盒;底板测线压力盒布置在煤层与直接底之间,巷道中部压力盒布置在巷道右侧,水平方向压力盒和垂直方向压力盒放置在同一位置可以监测巷道顶板与底板之间压力的变化。

(2) 巷道位移测量

巷道位移测线主要以巷道中线为中心,按固定 3 cm 间距布置在周围,顶板和底板分别布置 5 条位移测线,巷道位移测线距离巷道边缘 2 cm。

5.3.4 巷道及支护构件模拟

巷道支护构件的模拟按照前人研究成果（模拟试验中相似锚杆材料比选研究）：锚杆支护材料选择直径为 1.5 mm 的锡丝，锡丝的强度参数为破断载荷 38.08 N，弹性模量为 10.81 GPa，与原型锚杆材料相似比较为符合；锚索强度较强，采用直径为 1.5 mm 的铝丝；托盘采用 0.1 cm 厚的薄铝片，其中锚杆托盘为方形，尺寸为 1.0 cm×1.0 cm×0.1 cm，锚索托盘采用材质相同、厚度为 0.15 cm 的圆形托盘，直径为 1.5 cm，可以提供更大的护表面积；锚固剂长度符合现场实际锚固长度；预紧力用两个垫片之间的弹簧模拟，弹簧的材质为不锈钢丝，参数按照表 5-4 取值，依据式(5-1)计算。实际施加高强预紧力值为 320 kN，按照相似比及计算可得使用钢丝直径为 0.4 mm、内圈直径为 3.5 mm 的不锈钢弹簧可满足要求。

$$F = Kx = \frac{G_s d_s^4}{8D_s^3 N_c} x \tag{5-1}$$

式中 K——弹簧刚度系数；

x——压缩变形值；

G_s——弹簧钢丝的刚度模量；

D_s——弹簧的内圈直径；

d_s——弹簧钢丝的直径；

N_c——弹簧的有效圈数。

表 5-4 不锈钢丝弹簧材料参数

材质	G_s/GPa	D_s/mm	d_s/mm	N_c	K/(kgf/mm)	x/mm	设计预应力值 F/kgf	实际预应力值/kN
不锈钢丝	73	3.5	0.4	7	0.084	6.5	0.53	320

注：1 kgf≈9.8 N。

巷道采用提前预埋的方式，待加载完垂直和水平压力后开挖巷道，巷道共分 5 次开挖，每次开挖长度为 5 cm，开挖完即对巷道顶板和帮部进行预紧支护。巷道支护方式按照设计的锚杆锚索布置方式布置，其中帮部布置 4 根锚杆，顶板布置 5 根锚杆，间距为 3 cm；顶板锚索以“2—0—2”方式布置，长度为 16 m；帮部顶角斜锚索锚固角度为 10°，锚固位置距顶板 2.4 cm，直锚索和斜锚索间隔布置，锚索排距为 3 cm、长度为 24 cm。锚杆、锚索布置方式如图 5-15 所示。

5.3.5 模型制作及加载过程

模型两侧挡板安装后开始铺设，每一层位严格按照高度及配比要求，均匀地

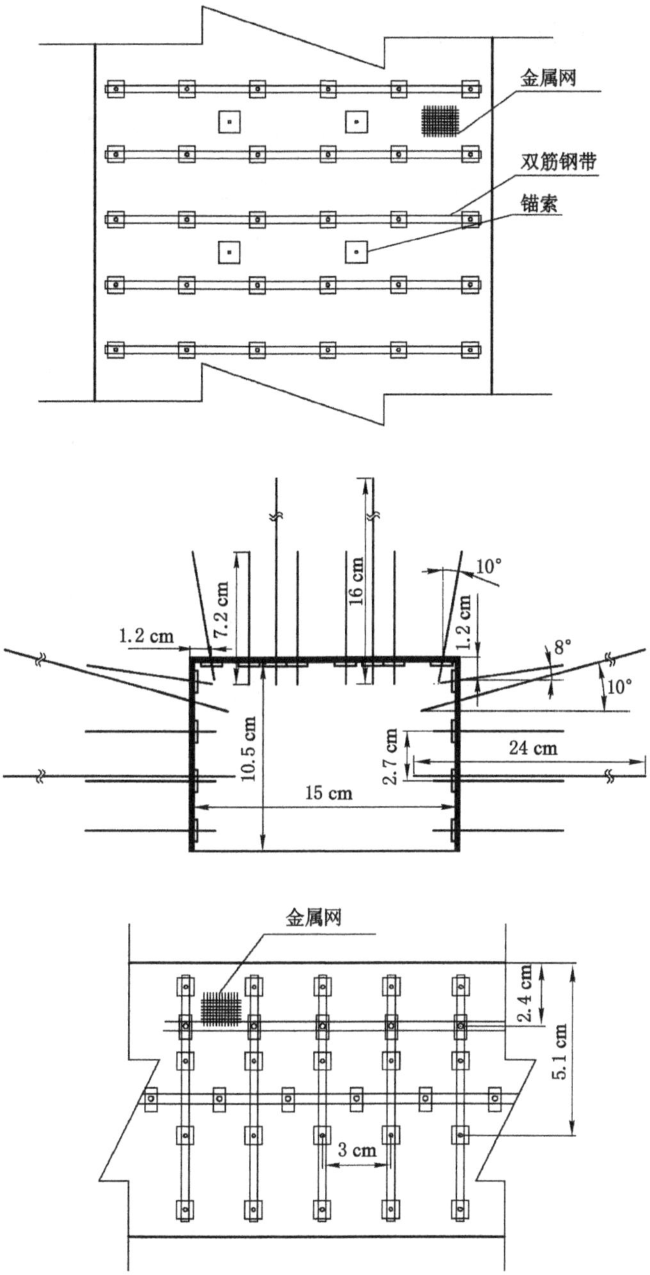

图 5-15　锚杆、锚索布置图

撒一薄层云母粉，铺至巷道层后放置巷道模型，用铁棍捣实。巷道两帮与顶板之间云母粉量增加，模拟层间的弱黏结性。加固帮锚索锚固至顶板范围，模型铺设情况如图 5-16 所示。

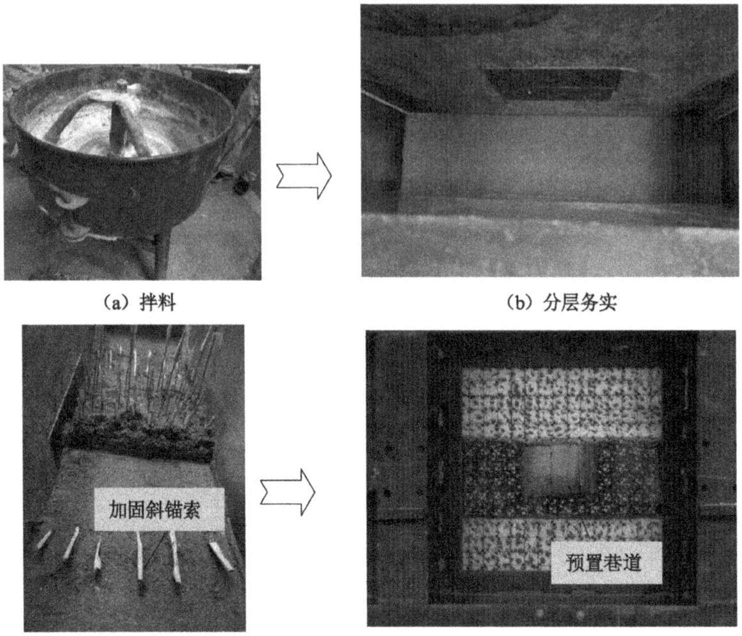

(a) 拌料　(b) 分层务实　(c) 预置巷道　(d) 模型监测点布置

图 5-16　模型铺设情况

巷道埋深为 400 m，巷道所在位置侧向压力系数约为 1.2，则巷道顶板的垂直应力为 10 MPa，水平应力为 12 MPa，按照设备加载面积换算，得到巷道埋深为 400 m 时需加载垂直压力为 45 kN、水平压力为 54 kN。模型按照分级的加载方式进行加载，共分为三个阶段，即开挖阶段、加载阶段和稳定阶段。巷道开挖时，加载垂直压力为 10 kN、水平压力为 12 kN，即开挖做到及时支护，开挖一排支护一排，模型开挖共计耗时 10 h，然后进入加载阶段；加载阶段按照分级加载的方式进行，第一级加载垂直压力至 20 kN、水平压力至 22 kN，第二级加载垂直压力至 32.5 kN、水平压力至 35 kN；水平压力和垂直压力按照每一级 15 kN 的力依次叠加，每一级应力保持 1 200 s，最后达到垂直压力为 152 kN、水平压力为 167 kN，最大加载压力约为埋深的 3.2 倍，最后一级巷道围岩压力保持 4 h，直至巷道破坏，试验模型加载及稳定阶段共计实施 7 h。模型加载路径如图 5-17 所示。

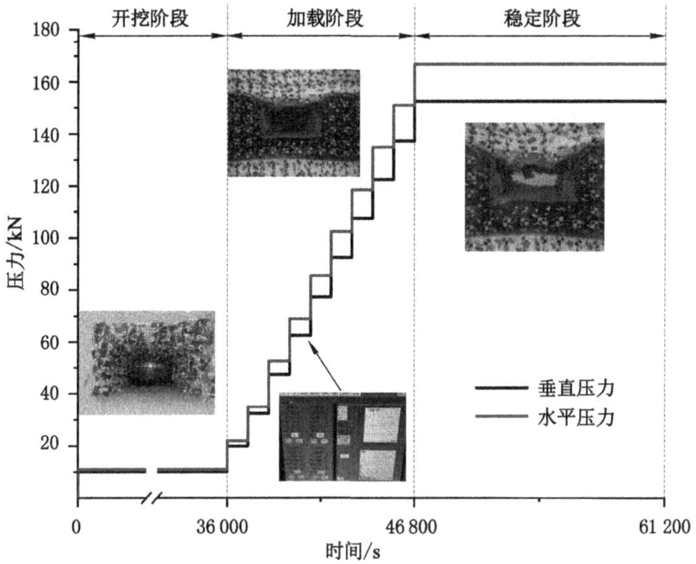

图 5-17　模型加载路径

5.4　加载阶段巷道围岩应力分布及位移变化

5.4.1　加载阶段巷道围岩应力分布

模型加载阶段，按照预定加载路径进行加载，对压力盒数据进行采集，采集结果如图 5-18 所示。

图 5-18(a)、(b)为巷道加载阶段顶板应力监测结果，由图可以看出，巷道围岩压力随着加载呈现阶梯式上升，与加载应力呈正相关关系，当加载应力达到最后一级载荷时，监测应力也趋于稳定。其中巷道顶板正上方监测点 3 加载后垂直应力不断增加，最终稳定在 0.76 MPa，随后达到稳定状态，应力较原岩应力有升高，应力集中系数为 1.26；巷道左帮正上方监测点 9 垂直应力加载后最终达到 0.43 MPa，随后达到平稳期，应力较原岩应力有减小；监测点 10 位于巷道肩角处，距监测点 9 的距离为 10 cm，监测点应力加载后达到 0.97 MPa，随后应力稳定，无明显降低，应力集中系数达到 1.61。监测点 12 位于巷道正上方，应力加载后达到 0.31 MPa，较原岩应力有降低；监测点 19 位于巷道右帮正上方，加载阶段最终达到平稳期水平，应力达到 0.59 MPa，应力较原岩应力有减小；监测点 20 位于巷道右肩角处，监测点应力加载后达到 0.76 MPa，应力集中系数达到

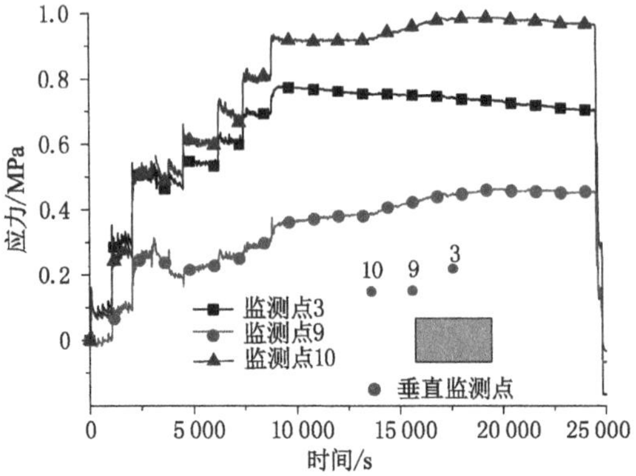

（a）顶板垂直应力

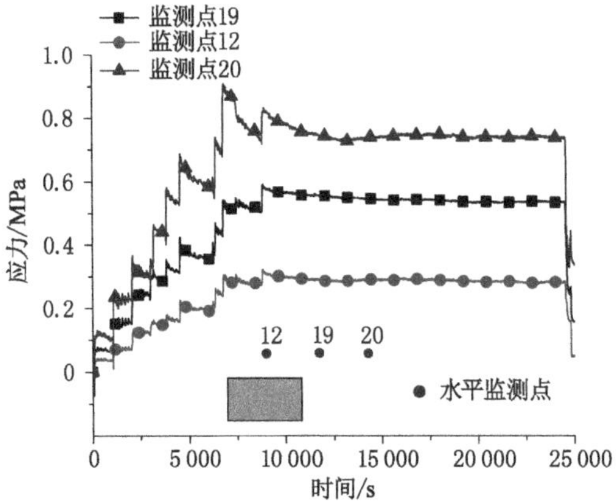

（b）顶板水平应力

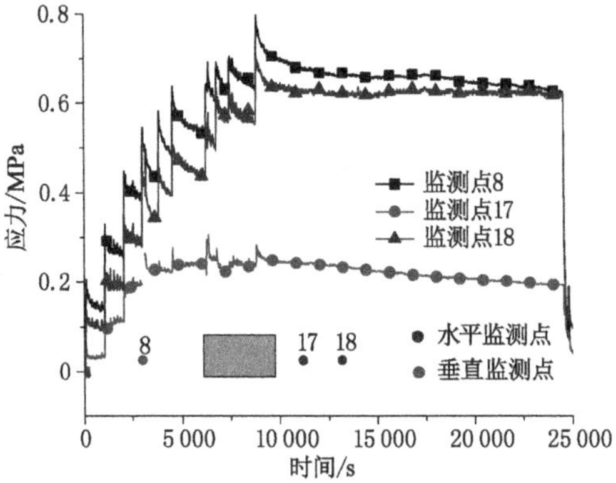

（c）两帮垂直和水平应力

图 5-18　巷道围岩应力变化情况

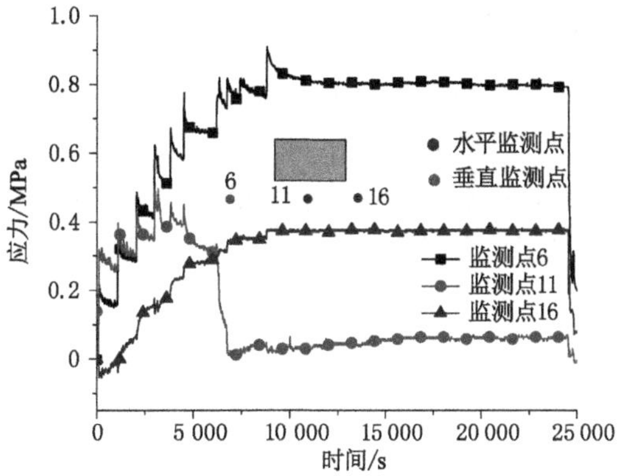

(d) 底板垂直和水平应力

图 5-18(续)

1.13。结合顶板测点结果显示，加载过程中，巷道顶板围岩肩角处为应力集中区域，集中系数为 1.13～1.26。

图 5-18(c)为巷道两帮垂直和水平应力监测结果，由图可以看出：监测点 8 随着加载应力呈阶梯式增加，每一阶段突变较为明显，随后趋于稳定，稳定后最终应力达到 0.68 MPa，应力集中系数为 1.13；监测点 17 和 18 分别是巷道右帮第一个和第二个监测点，为水平应力监测点，监测点 17 应力同样随围岩应力加载而改变，但加载波动较小，最终应力稳定在 0.27 MPa 左右，较原岩应力有减小，监测点 18 加载后应力值为 0.67 MPa，应力值接近原岩应力；两帮监测点应力与加载应力呈正相关关系，但对加载应力的响应不同，两帮在靠近巷道处应力为减小趋势，在远离巷道处应力逐渐增大。

图 5-18(d)为加载过程中巷道底板应力监测结果，由图可以看出，监测点 6 为巷道底板第二个监测点，与监测点 8 应力变化较为类似，每一阶段突变较为明显，随后趋于稳定，监测点加载后应力达到 0.81 MPa，应力集中系数为 1.35；监测点 11 为水平应力监测点，应力随加载呈先阶梯增加然后以较大的斜率降低，最后趋于稳定，最终的应力值接近初始值，为 0.014 MPa，说明此时压力盒位置松散，出现卸力情况；监测点 16 加载后应力达到 0.41 MPa，较原岩应力有减小；底板在靠近巷道处为应力降低区，在巷道底角处，巷道垂直应力增大。

加载过程的应力监测结果显示，巷道围岩应力与加载应力基本呈正相关关系，部分区域出现应力卸载现象，说明巷道围岩裂隙范围加大，应力集中区主要在巷道肩角及底角位置，加载时的应力集中系数小于开挖时，靠近巷道为应力降低区，远离巷道应力逐渐升高。

5.4.2　加载阶段巷道围岩位移变化

在巷道内侧布置 3 个位移计对巷道内部位移变形进行测量，其中帮部布置 2 个位移计，顶板布置 1 个；帮部位移计一个距离顶板 2.5 cm，另一个距离底板 2.0 cm，顶板位移计布置在巷道正中。需要说明的是，由于巷道变形过大，在第四阶段加载过程中取出了位移计，整个阶段的变形同样通过数字照相量测系统进行精准分析。

从图 5-19 中可以看出，巷道内部变形随着围岩压力的加载呈阶梯式上升，压力较小时，到达阶段应力值后变形很小，几乎为水平状态，第三阶段开始，到达阶段应力后变形开始缓慢增加。初始时，两帮移近量整体要略大于顶板下沉量，且靠近顶板的巷帮变形更大。

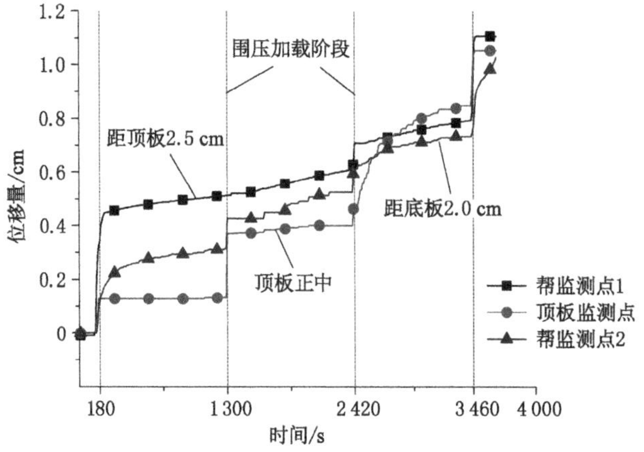

图 5-19　巷道内部位移变化

在巷道顶底板和两帮分别布置 5 条测线，其中左帮、右帮和顶底板测线分别距离巷道 5 mm、22 mm、39 mm、56 mm 和 75 mm，每条测线均布置 8 个监测点，测线和监测点的分析结果如图 5-20 所示。

图 5-20(a)、(b)分别为加载阶段巷道顶板测线和底板测线的位移变化情况，两条测线的监测点 1 和 8 位于两侧煤柱上方，测线距离顶板和底板均为 5 mm。

从图 5-20(a)中可以看出：随着围岩应力的加载，巷道变形持续增加，顶板测线最大下沉点为监测点 5，最大变形量为 15.0 mm，最小变形点为监测点 8，位于巷道右帮煤柱上方，变形量为 3.4 mm；巷道两侧肩角处最大变形量分别为 8.1 mm 和 6.0 mm，顶板测线监测点变形量大小顺序依次为监测点 5＞监测

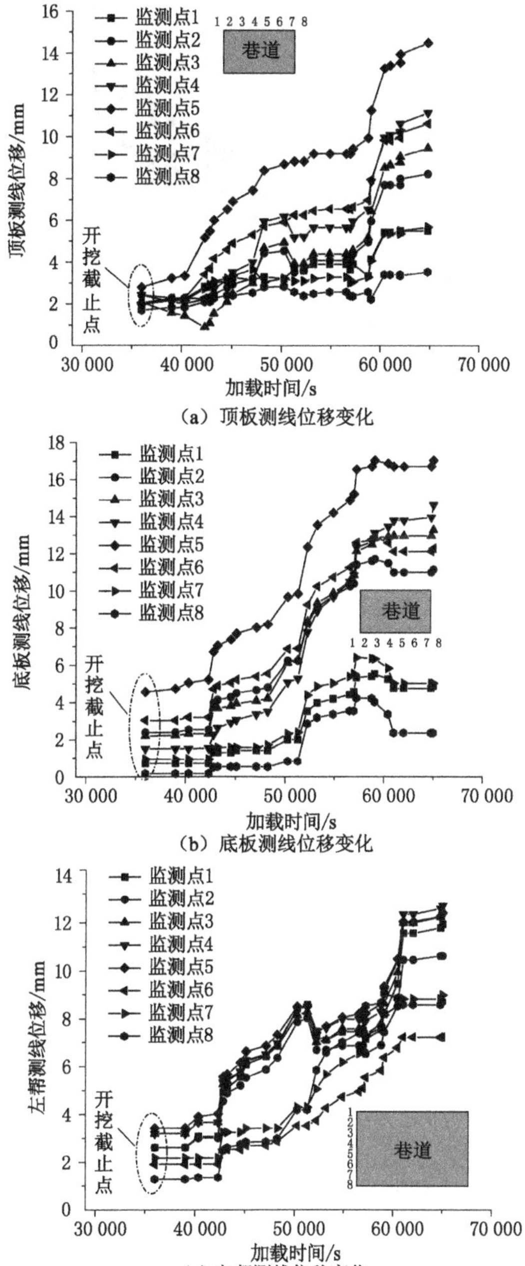

(a) 顶板测线位移变化

(b) 底板测线位移变化

(c) 左帮测线位移变化

图 5-20 加载阶段靠巷道侧围岩变形趋势

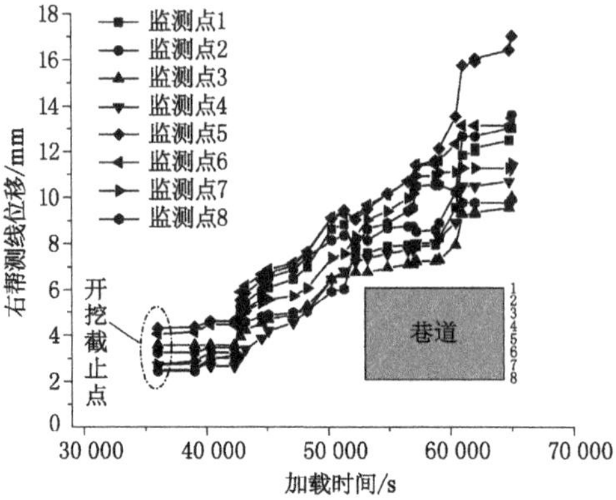

(d) 右帮测线位移变化

图 5-20(续)

点 4>监测点 6>监测点 3>监测点 2>监测点 7>监测点 1>监测点 8。从图 5-20(b)中可以看出：巷道底板变形随应力加载同样呈快速增长趋势，巷道变形最大点为监测点 5，最大变形量为 17.2 mm，巷道底角处监测点 2 和监测点 7 的最大变形量分别为 11.5 mm 和 5.8 mm，最小变形点为监测点 8，最大变形量为 2.8 mm；巷道底板测线监测点变形量大小顺序依次为监测点 5>监测点 4>监测点 3>监测点 6>监测点 2>监测点 7>监测点 1>监测点 8；监测点 2、3 和 4 变形接近，最终变形量相差较小，说明巷道变形主要集中在巷道中部位置。

图 5-20(c)、(d)分别为邻近巷道两侧帮部的测线变形情况，监测点 1 和监测点 8 位于巷道帮部与顶底板交界处，图中位移测线距离两帮均为 5 mm。由图可以看出：随着加载进行，初始时巷道两帮变形趋于平稳，随后变形快速增加；左帮测线最大变形点为监测点 4，位于巷道帮部中心腰线位置，最大变形量为 13.2 mm，最小变形点为监测点 6，最大变形量为 7.5 mm，监测点 7、监测点 8 变形相近，为 8.9 mm；左帮测线监测点变形量大小顺序依次为监测点 4>监测点 3>监测点 5>监测点 1>监测点 2>监测点 7>监测点 8>监测点 6，巷道监测点 3、监测点 4 和监测点 5 的变形轨迹及变形量几乎一致；巷道右帮变形随加载同样呈快速增长趋势，巷道最大变形点为监测点 5，最大变形量为 16.3 mm，位于巷道帮部中心靠下位置；右帮测线监测点变形量大小顺序依次为监测点 5>监测点 2>监测点 6>监测点 1>监测点 7>监测点 4>监测点 8>监测点 3。

提取每条测线的监测点变形趋势加以说明，如图 5-21 所示。

图 5-21(a)、(b)分别为巷道顶底板不同测线监测点 4 的位移变化情况，可以看出围岩变形从浅表至深部变形逐渐减小，巷道底鼓量略大于顶板下沉量，底板

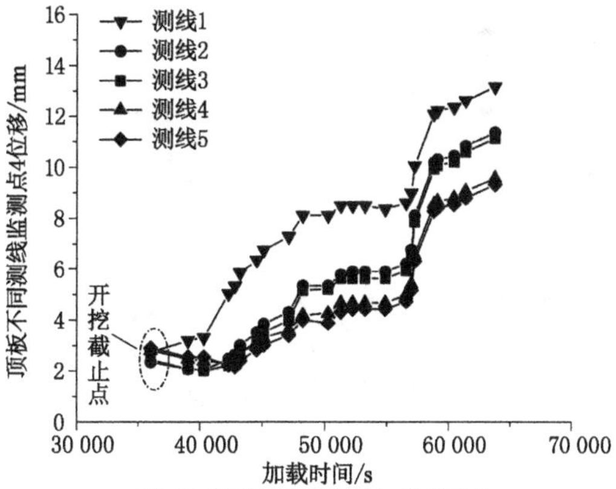

(a) 顶板不同测线监测点4位移变化

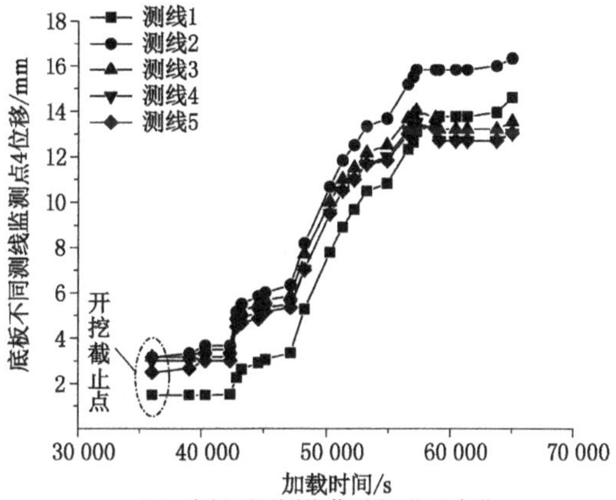

(b) 底板不同测线监测点4位移变化

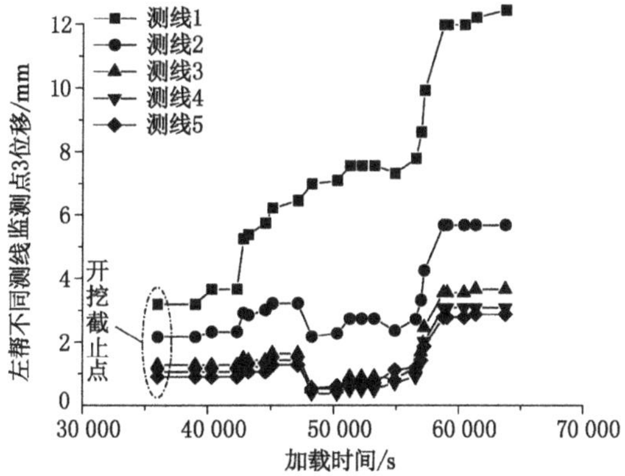

(c) 左帮不同测线监测点3位移变化

图 5-21　加载阶段巷道围岩不同测线中监测点的变形趋势

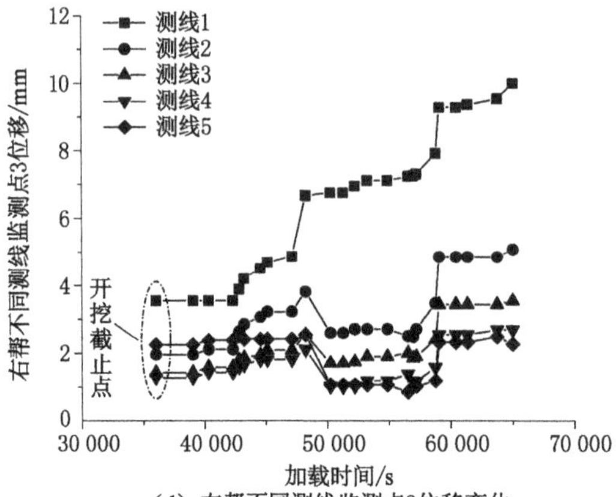

(d) 右帮不同测线监测点3位移变化

图 5-21(续)

35～75 mm 范围变形相差不大;图 5-21(c)、(d)分别为巷道左右两帮不同测线监测点 3 的位移变化情况,可以看出,两帮变形呈现明显区域性,最大变形量分别为 12.3 mm 和 10.1 mm,内部围岩超过第二条测线 22 mm 深度,位移量明显减小,均小于 6 mm,说明两帮变形裂隙范围明显减小。

从图 5-22 中可以看出:顶板变形呈现整体下凹趋势,且距巷道顶部越近,变形量越大;底板变形呈现明显的上凸趋势,且测线变形差别较小,距离巷道底板越近,变形量越大,肩角和底角变形量最小;两帮变形主要集中在两帮上侧,且集中在监测点 1～5 之间,两帮与底板接触处变形量很小。

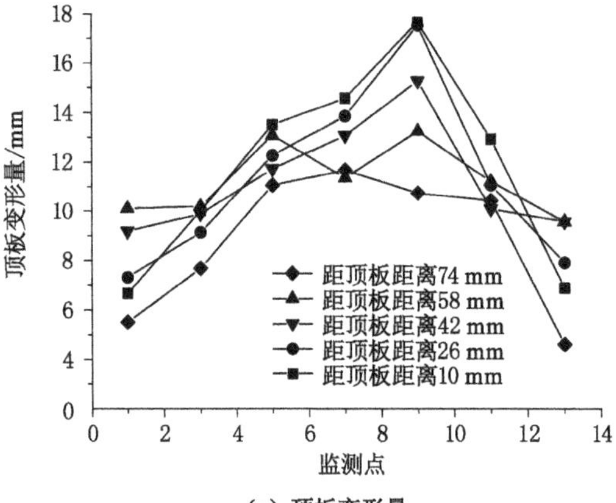

(a) 顶板变形量

图 5-22 巷道围岩测线

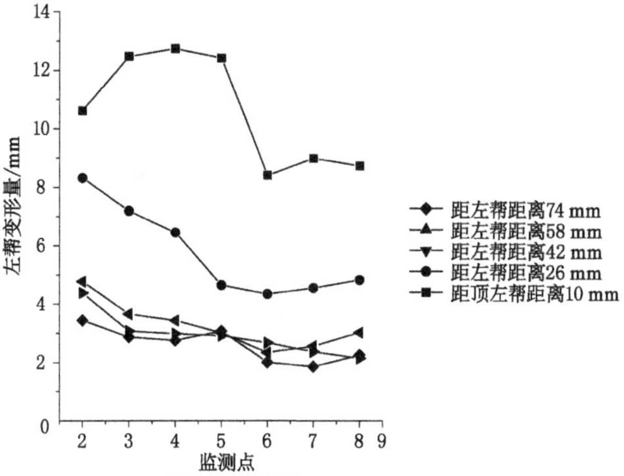

(b) 左帮变形量

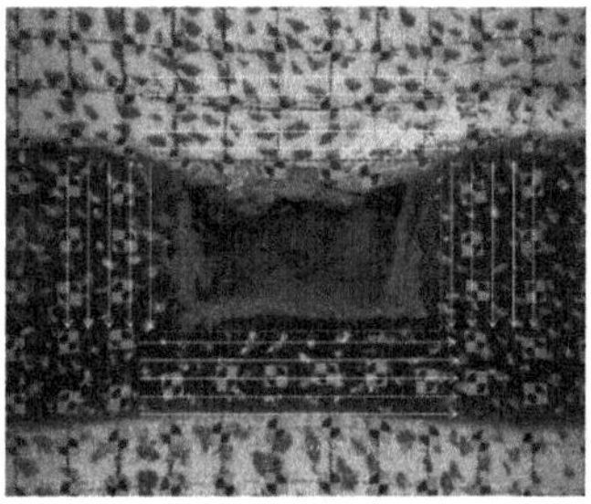

(c) 测线相对位置

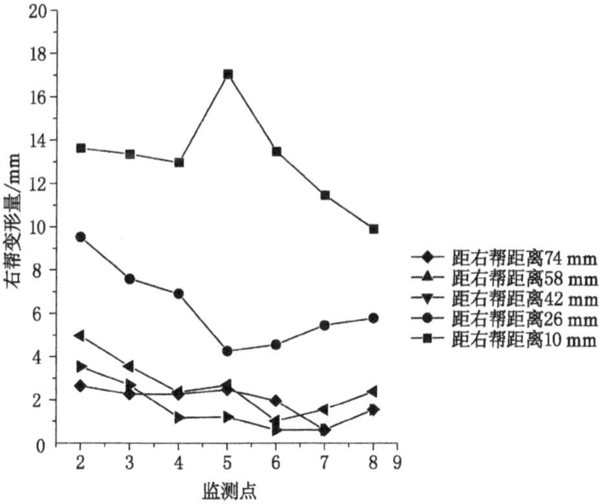

(d) 右帮变形量

图 5-22(续)

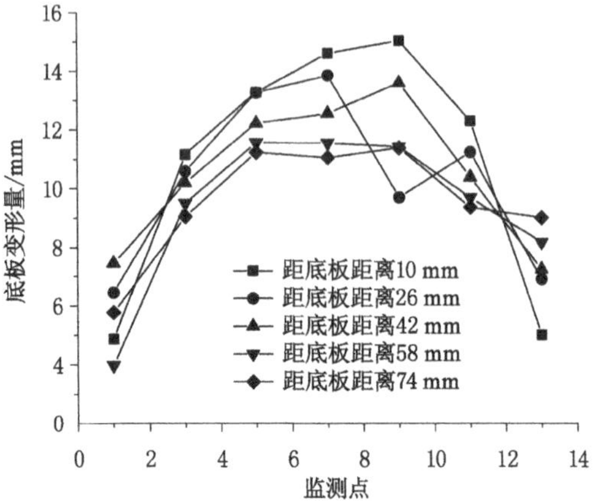

(e) 底板变形量

图 5-22(续)

5.5 加固支护对围岩变形的限制

加载阶段巷道围岩变形如图 5-23 所示;巷道围岩应力加载位移矢量图如图 5-24 所示;巷道围岩应力加载位移云图如图 5-25 所示。

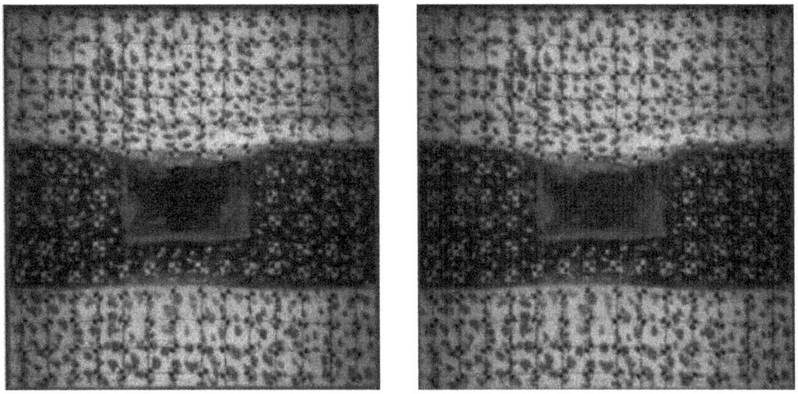

(a) 400 m埋深　(b) 650 m埋深

图 5-23　加载阶段巷道围岩变形

(c) 1 030 m埋深

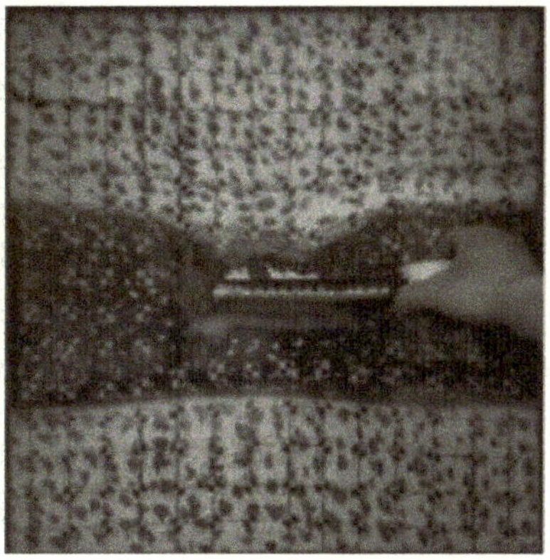

(d) 1 200 m埋深

图 5-23(续)

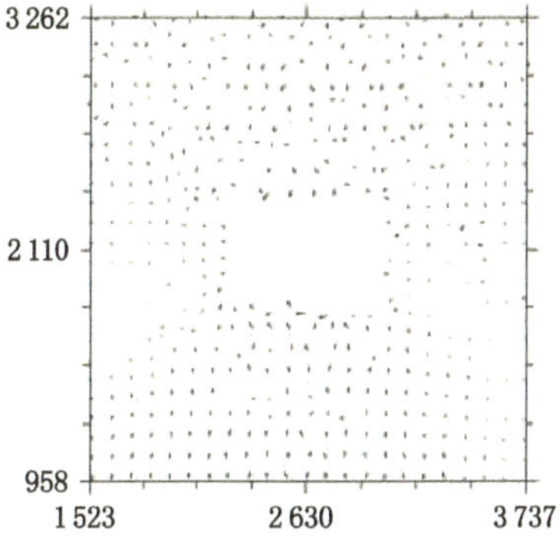

(a) 400 m埋深

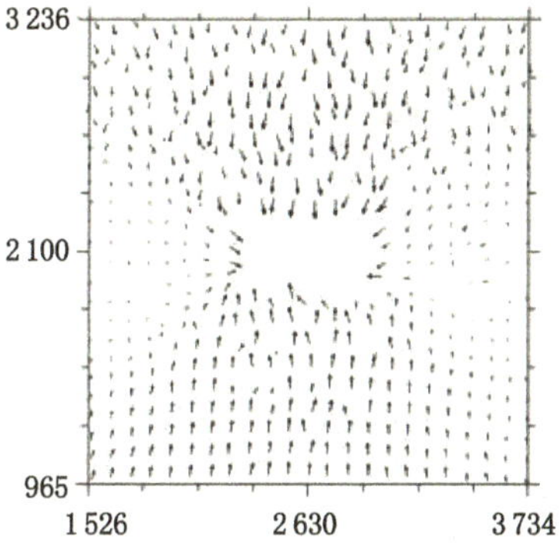

(b) 650 m埋深

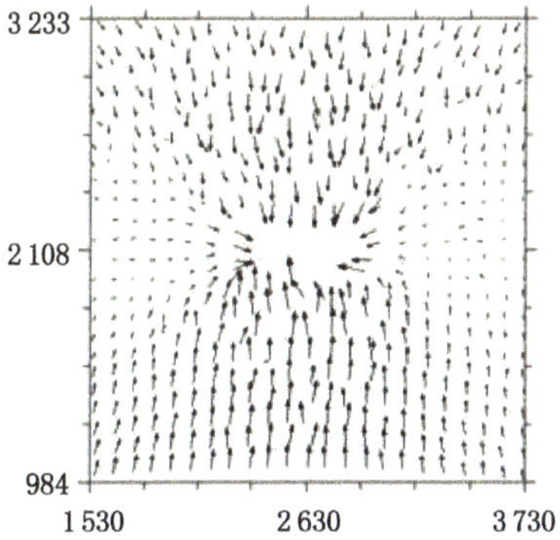

(c) 1 030 m埋深

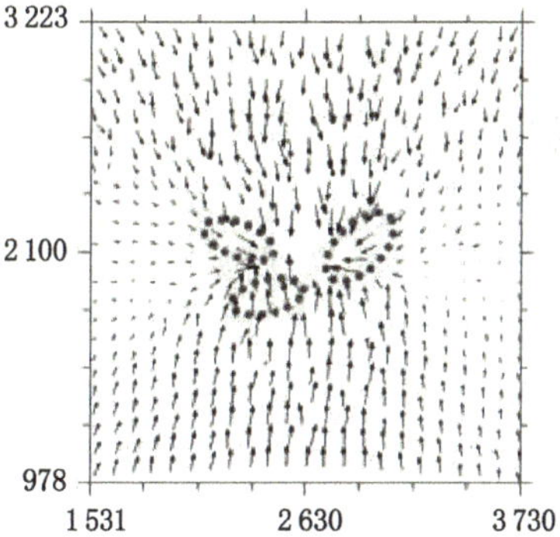

(d) 1 200 m埋深

图 5-24　巷道围岩应力加载位移矢量图

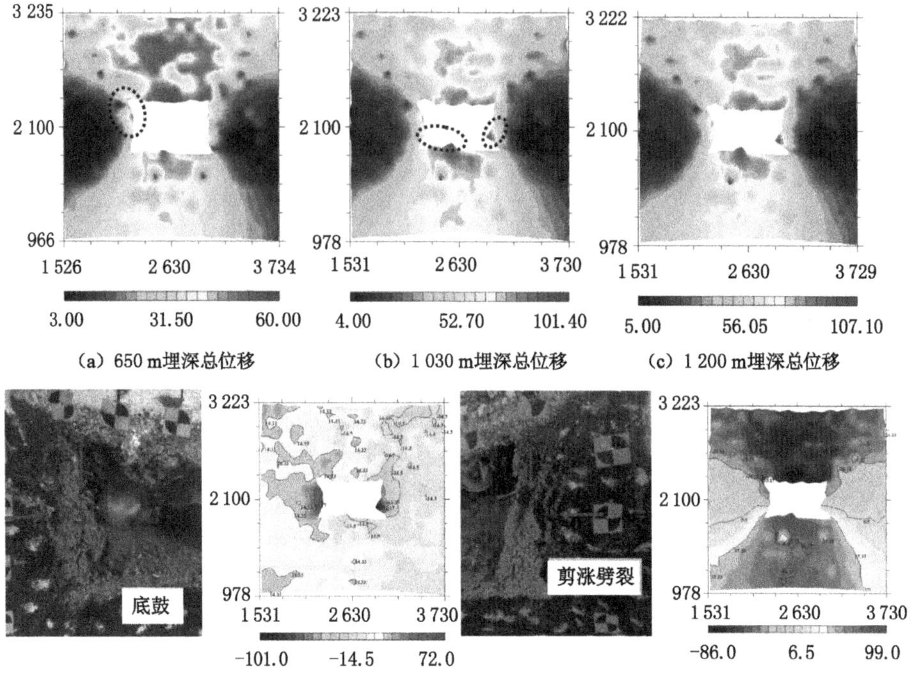

(a) 650 m埋深总位移　(b) 1 030 m埋深总位移　(c) 1 200 m埋深总位移

(d) 1 200 m埋深时 x 方向及 y 方向的位移云图

图 5-25　巷道围岩应力加载位移云图

从图 5-25 中可以看出：加载至 650 m 埋深时，巷道顶底板变形加大，帮部变形范围很小；加载至 1 030 m 埋深时，巷道顶底板变形明显加大，底鼓量较大，巷道帮部出现劈裂现象，发生剪胀破坏，剪胀作用使帮部围岩向载荷约束相对小的巷道内滑移，劈裂的三角块沿着裂隙带滑移下沉，同时向巷道内挤压，引起两帮平移收缩，一方面减小顶板的有效支撑长度，加大顶板跨度，使巷道顶板进一步下沉，一方面加重支护体的受力，使帮部裂隙进一步扩展。

加载至原巷道埋深时，巷道帮部变形很小，巷道帮部断面较为平整，没有出现鼓包和锚杆、锚索失效的情况。加载至 1 200 m 埋深时，巷道帮部裂隙扩展范围只有 3 cm，大于 3 cm 范围围岩较为密实，巷道最终在相当于 1 200 m 埋深载荷作用下的变形断面尺寸为 5.8 cm×9.5 cm，变形收缩率较小。试验证明了帮顶斜锚索＋帮部和顶板长锚索＋直锚杆＋锚网支护技术可以有效限制帮部围岩变形，使围岩体形成稳定承载的结构体。

基于巷道变形控制技术数值模拟及相似模拟试验结果，提出“帮顶一体，控让结合”的支护思路，如图 5-26 所示。

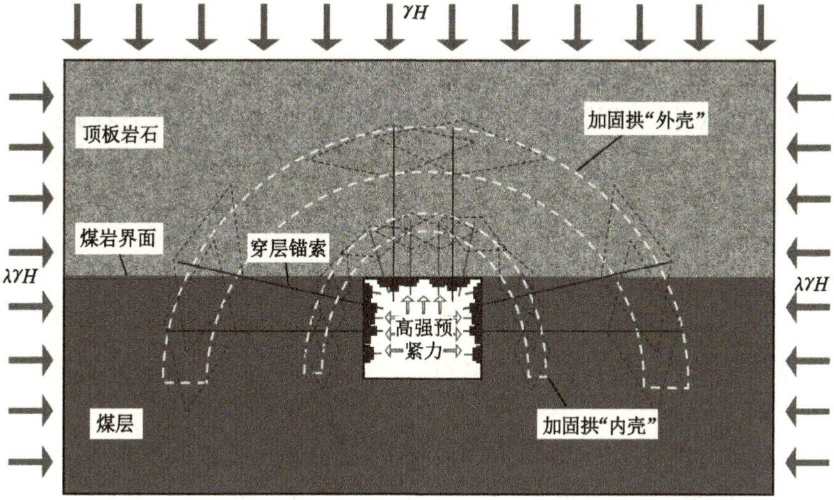

图 5-26　"帮顶一体，控让结合"支护方式

(1) 帮顶一体：穿层高强度锚索将巷道帮部煤体锚入顶板稳定的岩体中，利用顶板横向位移小的特点，给帮部煤体提供了一个稳定的"着力点"，减少了帮部和顶板的滑移错动；同时，高强预紧力对围岩主动支护起到了很好的作用，增强了巷道帮部和顶板的黏结、摩擦作用力。

(2) 控让结合：高强度锚索配合高强度大托盘，不仅起到强力的护表作用，更有利于高强预紧力在巷道煤体和顶板岩体中扩散；短锚杆支护在巷道围岩 1.5～2.2 m 区间形成了"锥形"围岩压缩区，合理布置锚杆间距，可以使压缩区重叠，形成连续的压缩带，连续的压缩带为巷道围岩加固拱"内壳"，可以提供较高的承载力；穿层锚索和帮部顶板长锚索，利用自身的高强预紧力，在巷道围岩 6～8 m 区间形成了加固拱"外壳"；高强预紧力的主动支护和"内外壳"对巷道围岩起到"控"的作用；两个壳体之间的围岩提供缓冲区间，同时长锚索允许围岩的变形范围也有一定程度的提高，对巷道围岩变形起到"让"的作用。

"帮顶一体，控让结合"的支护方式利用高强锚杆、锚索提高支护系统的锚固能力，高强预紧力对围岩起到了更强的主动支护作用，使围岩形成两层"支护壳"，从而充分调动围岩自身的承载性，做到控制与让压相结合。

可以对现场含层理巷道支护设计提供以下建议：

(1) 针对巷道变形的薄弱点加强支护，重点在于控制巷道煤层和岩层之间的滑移错动，让帮部煤体锚固至顶板稳定岩体中，锚固角度不能过大，防止锚索受剪切作用而破坏。要提升锚杆、锚索及相应配件的强度，配合高强预紧力和大托盘，扩大巷道帮部的护表面积及预应力扩散范围，对巷道围岩起到有效的主动支护作用。

(2) 支护设计方面：针对现场巷道变形的控制作用，巷道支护锚杆，锚索要锚固在稳定层位中，锚固"着力点"不能在围岩塑性区范围内，提升巷道围岩的自承能力；锚固作用主要使巷道围岩形成拱形"壳体"结构，能承载更高的围岩压力，减少巷道变形。

5.6 本章小结

本章节根据含层理巷道的变形特点，研究了高应力巷道煤岩控制技术，主要结论如下：

(1) 锚索角度越小，锚索的拉应力越大，能更好地发挥锚索的张拉效应，对块体的剪切滑移控制效果越好；综合分析得到控制帮部和顶板滑移的锚索合理布置角度为 10°。

(2) 通过 3 种支护方案模拟对比分析，得到帮顶斜锚索＋帮部和顶板长锚索＋直锚杆＋锚网支护可以有效限制巷道围岩变形失稳，尤其是对帮部的滑移变形限制效果最为明显。

(3) 巷道相似模拟试验结果表明，支护方案可以明显控制巷道围岩变形，加载至原巷道埋深时，巷道帮部和顶底板变形量很小，加载至 2.5 倍埋深时，巷道帮部出现劈裂，发生剪胀破坏，试验证明了帮顶斜锚索＋帮部和顶板长锚索＋直锚杆＋锚网支护技术可以有效限制帮部围岩变形。

(4) 提出"帮顶一体，控让结合"的支护思路，通过高强支护构件和高强预紧力给围岩更强的主动支护作用，锚索和锚杆的配合使围岩形成两层"支护壳"，中间的围岩充当缓冲层起让压作用，充分调动围岩自身的承载性，做到控制与让压相结合。

第 6 章　高应力巷道含层理围岩变形控制现场实践

本书以煤岩组合体而非煤岩单体作为高应力含煤岩界面巷道大变形机理研究的切入点，进而通过理论分析、数值模拟、相似模拟试验等多因素、多手段进行变形机理分析及相应支护技术研究。为了验证研究的正确性和合理性，并进一步完善和验证提出的“帮顶一体，控让结合”的支护技术，本章节根据前文研究成果，结合现场实际地质条件，开展了高应力巷道含层理围岩变形控制现场实践。围绕本书提出的支护技术，通过现场实施巷道变形长期监测，对高应力巷道稳定性控制进行评价。

6.1　工程概况

漳村煤矿 25 采区所在煤层赋存稳定，煤层结构较简单，为南北走向。25 采区煤层柱状图如图 6-1 所示。

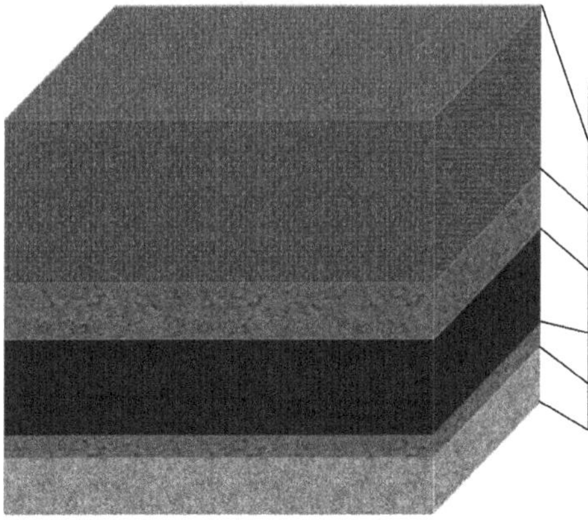

岩性	名称	层厚/m
中砂岩	基本顶	9.70
泥岩	直接顶	3.74
煤	3#煤层	6.20
泥岩	直接底	0.60
细砂岩	基本底	3.10

图 6-1　25 采区煤层柱状图

25 采区大巷包含皮带巷和材料巷 2 条巷道，以材料巷变形最为严重。材料巷为沿顶板掘进巷道，整条巷道分段呈现出顶板下沉、两帮移近、底鼓等现象。

煤柱与顶板层理面属于弱胶结面，巷帮滑移变形已使部分顶锚杆进入煤体内部。巷道变形主要以两帮挤压内移为主带动顶板下沉，两帮鼓包严重，顶板较为平整。皮带巷主要呈现出顶煤较为破碎、有坠包、两帮鼓包等现象，采用锚网索支护，效果良好，变形在可控范围内。25 采区材料巷部分区域变形情况如图 6-2 所示。

图 6-2　25 采区材料巷部分区域变形情况

6.2　含层理巷道加固方案设计

基于第 5 章高应力巷道含层理围岩变形控制分析，设计关于 25 采区材料巷的支护方案，方案内容如下：

(1) 支护帮锚杆、锚索：锚杆间距为 0.9 m、排距为 1 m，顶排锚杆距顶板 0.3 m，角度为 30°～35°，锚杆长度为 2.4 m；顶角斜锚索锚固角度为 10°～15°，锚固位置距顶板 0.8 m，锚索排距为 1.5 m，锚索长度为 8.3 m；帮部直锚索间距为 1.5 m，直锚索和斜锚索间隔布置，锚索长度为 8.3 m。

(2) 支护顶板锚杆、锚索：锚杆间距为 1 m、排距为 1 m；锚索采用“2—0—2”形式布置，排距为 2 m。

(3) 锚杆和锚索杆体强度加强，锚杆材质为 HRB500，直径为 22 mm，长度为 2.4 m，锚索直径为 22 mm，长度为 8 300 mm；帮斜锚索用顶锚钻机钻进，需搭建顶锚钻机临时平台，平台高度为 1.6 m，距巷道帮部 2 m，锚固角度为 10°～15°；帮部直锚索长度可根据裂隙深度范围调整，确保锚入完整区 2 m。

(4) 锚索托盘：托盘规格为 300 mm×300 mm×16 mm，拱高不低于 60 mm；帮斜锚索和水平锚索采用 1 支 Z2335 型和 2 支 M2360 型树脂药卷锚固，并配合水泥砂浆灌浆，达到全长锚固；锚固灌浆顺序为树脂药卷锚固→张拉→灌浆→加止浆塞；锚索预紧力为 320 kN，锚杆预紧力为 80～90 kN。

25 采区材料巷支护布置如图 6-3 所示。

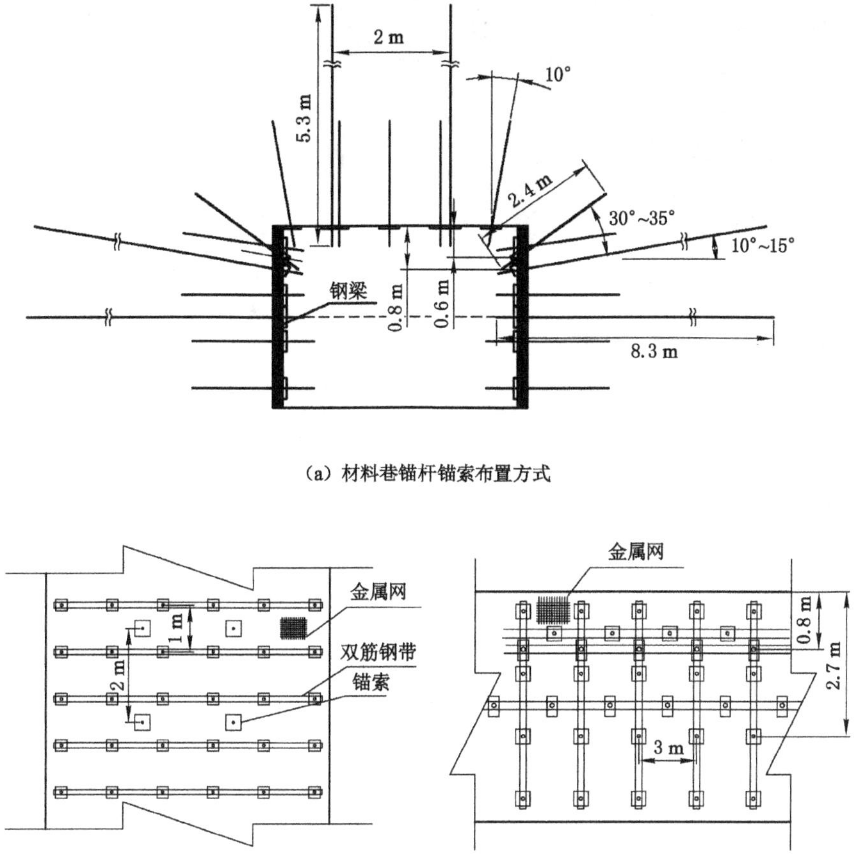

(a) 材料巷锚杆锚索布置方式

(b) 顶板支护俯视图　　(c) 帮部支护侧视图

图 6-3　材料巷支护布置图

6.3　高应力巷道含层理围岩支护现场施工

锚索施工过程如图 6-4 所示。

帮斜锚索支护时，必须用大板搭设支架，准确量取满足支护角度时架子的高度，固定完毕由 3 人配合完成帮顶倾斜锚索支护，调整好球形垫片的位置、安装好锚索测力计后张拉，锚索张拉预紧力不小于 320 kN。

(a) 斜打锚索

(b) 装入锚固剂

(c) 锚索张拉

(d) 安装完成

图 6-4　锚索施工过程

6.4　现场实施效果分析

对巷道的不同位置按照位移监测点进行监测，在 50～150 m 未实施加固支护巷道位置布置监测点 1 和监测点 2 两个位移监测点，实施位置布置监测点 3～监测点 6，监测点监测按照十字布点法，对监测完的结果整理后记录如图 6-5 所示。

对围岩变形情况从 4 月初开始监测，每 4 天监测一次，有强烈扰动时，加大监测频次。从图 6-5 中可以看出：未加固位置的监测点 1 和监测点 2 的变形速率大于加固位置监测点，监测前 10 天监测点的围岩变化量相差不大；随着监测时间增长，未加固巷道位置围岩变形持续增加，两帮平均变形速率达到 3.2 mm/d，最大变形量达到 215 mm，加固段两帮平均变形速率达到 0.88 mm/d，最大变形量为 70 mm；未加固段顶底板平均变形速率达到 2.4 mm/d，最大变形量达到 162 mm，加固段顶底板平均变形速率达到 0.84 mm/d，最大变形量为 60 mm；未加固段两帮的变形速率是加固段的 3.6 倍，未加固段顶底板的变形速率是加固段的 2.9 倍，可见加固支护方案体现了良好的支护效果。

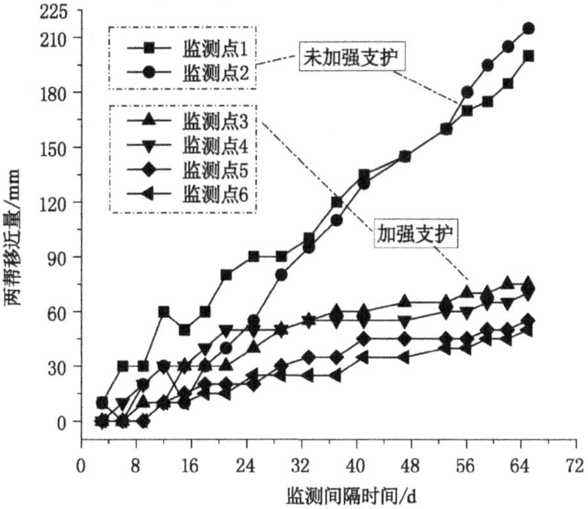

(a) 两帮移近量

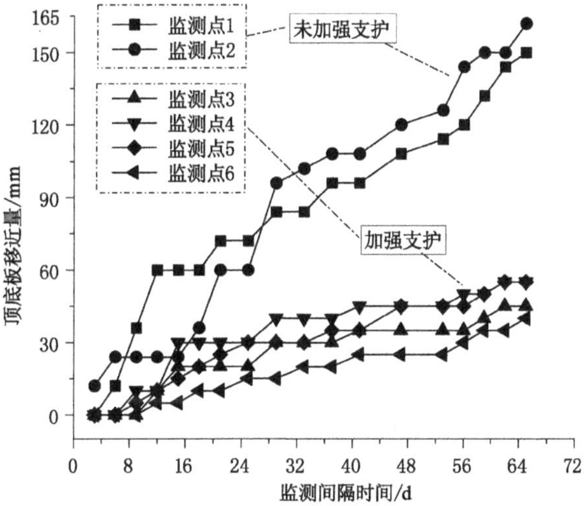

(b) 顶底板移近量

图 6-5 巷道监测点围岩变形量

6.5 本章小结

根据前文的研究成果和现场探测结果分析，提出了针对高应力巷道含层理围岩支护方案，并进行现场实践，其主要结论如下：

(1) 根据现场地质雷达探测和钻孔窥视得到巷道裂隙深度，综合前文研究成果分析巷道变形原因为：巷道煤层与岩层之间缺少有效约束，现场锚索与锚杆支护设计不合理，不能有效限制帮顶剪切错动，致使帮锚杆处于裂隙区范围内，弱化了锚杆支护作用，最终导致支护结构失效，巷道塑性区大范围扩展。

(2) 进行“帮顶一体，控让结合”支护现场实施后，监测结果显示，加固段两帮和顶底板变形得到有效控制，巷道变形很小；加固段两帮和顶底板的最大变形量比未加固段分别减小 207% 和 170%，加固支护方案体现了良好的支护效果。

第7章 结 论

含弱层理面高应力巷道的变形失稳机理及其有效控制技术是煤矿现场亟待解决的难题之一。而现阶段的巷道支护技术大多基于完整岩层考虑,没有给出具体针对含层理巷道的控制技术,巷道支护效果不理想,持续表现出非连续大变形特征。“帮顶一体,控让结合”作为解决高应力含层理巷道支护的有效途径,其在对弱层理面巷道变形及控制研究的工作已成为十分紧迫的任务。本书以煤岩组合体力学试验为基础,提出考虑损伤阈值的煤岩损伤非线性模型,并以此在FLAC3D软件中实现本构方程的二次开发。模拟研究了有无煤岩界面、界面强度、界面位置、围岩岩性以及巷道围岩侧向压力系数等变量对巷道的应力、变形过程的影响,提出了将帮部不稳定岩体锚入顶板稳定岩层中的“帮顶一体,控让结合”控制技术。主要结论如下:

(1) 进行了煤岩单体及不同δ值煤岩组合体力学特性试验,得到煤及煤岩组合体的峰值应力、峰后残余强度和弹性模量与围岩压力呈正相关关系;δ值越小,煤岩组合体强度越高;随着围岩压力增大,煤岩组合体延性特征明显;达到峰后阶段,煤岩组合体中煤体沿着主裂隙带滑动摩擦,煤体的变形远大于岩石;煤体峰后阶段的环向变形、体积应变值和变形速率远大于峰前阶段;煤体峰前阶段积聚的能量大部分用于煤体塑性变形及内部裂隙贯通时的块体摩擦、辐射能及动能的释放,部分释放的能量会反作用于岩体。

(2) 基于弹塑性力学、损伤力学得到了不同δ值煤岩组合体的非线性损伤模型,用含损伤阈值的岩石微元强度的度量方法定义损伤体的损伤起始点,给出了模型参数的求解方法;与试验数据拟合良好,显示了模型的正确性和合理性;模型中损伤因子的变化范围在0～1之间,参数m_1和F_0值与煤岩组合体的峰值强度、峰后应力跌落速率呈正相关关系;提高围岩的黏聚力c可以增强围岩的峰值强度和残余强度,起到控制围岩变形的效果。

(3) 基于自定义本构模型和M-C本构模型,研究了在有无界面、界面切向刚度、界面位置以及侧向压力系数下巷道的应力变形特征;无界面时,巷道帮部呈现中间鼓起的形态,有界面时,帮部与顶板交界处变形最大,向下依次减小;相同埋深时,当巷道煤层与顶板之间含有煤岩界面时,顶底板及帮部最大变形量都大于不含煤岩界面巷道；M-C本构模型与自定义本构模型的区别更多在于顶底板的变形形态，自定义本构模型巷道在底板形成三角形的挤压区，底鼓范围更大，底板过早进入塑性状态，底板最大变形量增长趋势持续增加。

(4) 两种本构模型下，巷道帮部的变形形态基本一致，切向刚度较小时，靠近顶板的位置横向变形量最大，与底板接触处的帮部变形量最小，帮部的变形及塑性区范围呈现出“上大下小”的形态；随着界面强度的增大，巷道帮部与顶板交界位置的变形量逐渐减小，巷道呈现中部鼓起的形态。

(5) 界面在巷道顶底板之间时，帮部岩石部分和煤体部分变形在界面处不连续，岩层和煤层之间有滑移错动，巷道帮部岩石的占比越大，巷道帮部煤体部分变形越大；与M-C本构模型相比，自定义本构模型计算得到的巷道变形及塑性区范围更大，围岩更快达到塑性损伤状态。

(6) 当煤层弹性模量较小时，巷道不再是以帮顶之间剪切滑移引起的变形为主，而是煤柱的整体失稳，此时帮部中部和靠近底板位置变形最大；随着煤层强度增加，变形呈指数形式下降；顶板弹性模量改变对帮部变形影响相对较小。

(7) 随着围岩侧向压力系数的改变，M-C本构模型计算得到的变形值小于自定义本构模型；围岩最大变形量随侧向压力系数变化的趋势符合指数形式；当垂直压力和水平压力差值较大时，巷道塑性区呈“蝶形”发育，自定义本构模型塑性区范围大于M-C本构模型；对水平应力较高的巷道，巷道底板变形一般大于帮部和顶板，应注意对巷道底板的支护，对垂直应力较高的巷道应加强支护，防止巷道帮部变形过大，降低巷道帮部与岩层的滑移错动，同时防止巷道处于高应力集中的环境中，降低应力集中系数值，可以改善巷道的变形发展趋势。

(8) 通过数值模拟试验分析得到控制帮部和顶板滑移的锚索合理布置角度为10°；提出了帮顶斜锚索＋帮部和顶板长锚索＋直锚杆＋锚网支护方案，并利用中国矿业大学自主设计的巷道灾害模型控制试验系统开展巷道变形控制技术相似模拟试验，试验证明了新型的支护方案可以有效限制帮部与顶板的滑移错动，从而减小巷道围岩变形失稳，增加巷道结构的稳定性。

(9) 依据数值模拟分析和实验室试验结果，提出“帮顶一体，控让结合”的支护思路，通过高强支护构件和高强预紧力对围岩的主动支护起到了很好的作用，利用顶板横向位移小的特点，给帮部煤体提供了一个稳定的“着力点”，使锚杆和长锚索在围岩内部形成两层“支护壳”，中间的围岩充当缓冲层起让压作用，充分调动围岩自身的承载性，做到控制与让压相结合。

(10)根据前文提出的含层理巷道支护关键技术，设计并实施了高应力含弱层理面巷道支护方案，后期监测结果显示，加固段巷道围岩变形得到有效控制，两帮平均变形很小；未加固段两帮及顶底板的变形速率分别是加固段的3.6倍和2.9倍，体现了良好的支护效果，验证了本书研究结果的合理性和可靠性。研究结果为我国含弱层理面巷道支护提供理论依据和实际参考意义。

参考文献

[1] 国家发展改革委,国家能源局. 能源发展“十三五”规划[J]. 浙江节能,2019(1):6-23.

[2] 国家发展改革委,国家能源局. 煤炭工业发展“十三五”规划[EB/OL]. (2016-12-22)[2024.12-5]. https://www. gov. cn/xinwen/2016-12/30/5154806/files/358a4e8cd1ff4e3b8d5245a6b9246167. pdf.

[3] 国家发改委,南方电网技术情报中心. 国家发改委、国家能源局印发《能源生产和消费革命战略(2016—2030)》[J]. 云南电力技术,2017,45(2):119.

[4] 国际能源署. 国际能源署发布 2018 煤炭市场报告[J]. 能源评论,2019(1):10.

[5] 谢和平,高明忠,高峰,等. 关停矿井转型升级战略构想与关键技术[J]. 煤炭学报,2017,42(6):1355-1365.

[6] 袁亮. 煤炭精准开采科学构想[J]. 煤炭学报,2017,42(1):1-7.

[7] 袁亮,张农,阚甲广,等. 我国绿色煤炭资源量概念、模型及预测[J]. 中国矿业大学学报,2018,47(1):1-8.

[8] 谢和平,高峰,鞠杨,等. 深部开采的定量界定与分析[J]. 煤炭学报,2015,40(1):1-10.

[9] 夏红兵,颜宝,李栋伟. 深部矿井煤系地层软岩蠕变特征试验[J]. 兰州大学学报(自然科学版),2013,49(4):564-568.

[10] ZHANG Y,FENG X T,ZHANG X W,et al. A novel application of strain energy for fracturing process analysis of hard rock under true triaxial compression[J].Rock mechanics and rock engineering, 2019, 52(11): 4257-4272.

[11] LIU S,YANG K,TANG C N,et al. Rupture and migration law of disturbed overburden during slicing mining of steeply dipping thick coal seam[J]. Advances in civil engineering,2020,2020(1):8863547.

[12] LE H L, SUN S R, XU C H, et al.Cracking behaviors and mechanical properties of rock-like specimens with two unparallel flaws under

conventional triaxial compression[J]. Advances in civil engineering,2019,2019(1):5849703.

[13] CAO R H,CAO P,LIN H,et al. Mechanical behavior of an opening in a jointed rock-like specimen under uniaxial loading: experimental studies and particle mechanics approach [J]. Archives of civil and mechanical engineering,2018,18(1):198-214.

[14] 王炯,张正俊,朱天赐,等. 恒阻大变形锚索支护巷道变形机制模型试验研究[J]. 岩石力学与工程学报,2020,39(5):927-937.

[15] 赵春侠. 我国煤矿生产安全事故统计分析及预测[D]. 绵阳:西南科技大学,2017:79.

[16] 王庆雄. 5 m 大采高工作面过断层矿压显现规律研究[J]. 煤炭科学技术,2015,43(5):22-25.

[17] 张杰,霍军鹏,王斌,等. 浅埋煤层区段煤柱稳定性实验分析及应用[J]. 矿业安全与环保,2016,43(1):30-33.

[18] 王安顺. 综放工作面直接过断层技术及安全措施[J].内蒙古煤炭经济,2016(7):100-101.

[19] 焦振华. 采动条件下断层损伤滑移演化规律及其诱冲机制研究[D]. 北京:中国矿业大学(北京),2017.

[20] 曹俊才. 特厚复合顶板失稳机理及其控制研究[D]. 贵阳:贵州大学,2017.

[21] 陈必贵. 厚松软破碎顶板注浆联合锚索支护技术研究[J]. 机械管理开发,2016,31(11):18-20.

[22] 诸葛长华. 冲击动载作用下深井沿空掘巷围岩变形机理与支护优化研究[D]. 青岛:山东科技大学,2018.

[23] 谢生荣,潘浩. 大跨度煤巷双跨桁架锚索控制机理及应用[J]. 矿业科学学报,2018,3(2):148-155.

[24] 张明,成云海,王磊,等. 浅埋复采工作面厚硬岩层-煤柱结构模型及其稳定性研究[J]. 岩石力学与工程学报,2019,38(1):87-100.

[25] 江贝. 超大断面隧道软弱围岩约束混凝土控制机理及应用研究[D]. 济南:山东大学,2016.

[26] AN T L,ZHENG X G,ZHU D X,et al. Experimental investigation of pretensioned bolts under cyclic loading:damage assessment using acoustic emission[J]. International journal of distributed sensor networks,2019,15(5):155014771984935.

[27] ZHANG J P, LIU L M, SHAO J, et al. Mechanical properties and

application of right-hand rolling-thread steel bolt in deep and high-stress roadway[J]. Metals,2019,9(3):346.

[28] 代净. 沿顶底板掘进的大断面煤层巷道支护技术研究[D]. 阜新:辽宁工程技术大学,2020.

[29] YAN H,ZHANG J X,LI L Y,et al. Judgment method for the upper limit position of interlayer separation along the bottom roadway and the roof of the super thick coal seam[J]. Journal of Central South University,2018,25(2):448-460.

[30] 李英明,赵呈星,刘增辉,等. 围岩承载层分层演化规律及“层-双拱”承载结构强度分析[J]. 岩石力学与工程学报,2020,39(2):217-227.

[31] 潘俊锋,齐庆新,刘少虹,等. 我国煤炭深部开采冲击地压特征、类型及分源防控技术[J]. 煤炭学报,2020,45(1):111-121.

[32] 郑建伟,鞠文君,张镇,等. 等效断面支护原理与其应用[J]. 煤炭学报,2020,45(3):1036-1043.

[33] 刘晓云,叶义成,刘洋,等. 矿岩接触带巷道顶板沉降变形相似模拟试验研究[J]. 中国安全生产科学技术,2019,15(3):62-68.

[34] 艾纯明,刘超,王贻明. 破碎矿岩巷道分区支护设计与力学分析[J]. 有色金属工程,2019,9(4):86-92.

[35] LIU J W,LIU C Y,LI X H. Determination of fracture location of double-sided directional fracturing pressure relief for hard roof of large upper goaf-side coal pillars[J]. Energy exploration & exploitation,2020,38(1):111-136.

[36] XIE Z Z,ZHANG N,FENG X W,et al. Investigation on the evolution and control of surrounding rock fracture under different supporting conditions in deep roadway during excavation period[J]. International journal of rock mechanics and mining sciences,2019,123:104122.

[37] KONG P,JIANG L S,SHU J M,et al. Effect of fracture heterogeneity on rock mass stability in a highly heterogeneous underground roadway[J]. Rock mechanics and rock engineering,2019,52(11):4547-4564.

[38] GAO W F,LIU Y,SHI L Q,et al. Roof and floor anomalous response of mine resistivity method[J]. Environmental earth sciences,2019,78(24):696.

[39] KANG H P,WU L,GAO F Q,et al. Field study on the load transfer mechanics associated with longwall coal retreat mining[J]. International journal of rock mechanics and mining sciences,2019,124:104141.

[40] HUA X Z,LI Y F. Mechanics analysis on floor deformation of gob-side entry retaining and prevention and control of floor heave[J]. Journal of China coal society,2016,41(7):1624-1631.
[41] YANG S Q,CHEN M,JING H W,et al.A case study on large deformation failure mechanism of deep soft rock roadway in Xin'An coal mine,China [J]. Engineering geology,2017,217:89-101.
[42] ZHANG X L,NGUYEN H,BUI X N,et al. Evaluating and predicting the stability of roadways in tunnelling and underground space using artificial neural network-based particle swarm optimization [J]. Tunnelling and underground space technology,2020,103:103517.
[43] LIU K,GAO Y,HE G,et al. Composite support technology of concrete-filled steel tube support in deep soft rock roadway[J]. China coal,2015,41 (6):55-58.
[44] 王坤. 复杂条件超大断面巷道底鼓机理及控制研究[D]. 徐州:中国矿业大学,2014.
[45] 李国平. 下沟矿二次动压巷道高预应力支护技术研究[D]. 西安:西安科技大学,2015.
[46] 惠功领,牛双建,靖洪文,等. 动压沿空巷道围岩变形演化规律的物理模拟[J]. 采矿与安全工程学报,2010,27(1):77-81.
[47] 左建平,孙运江,王金涛,等. 大断面破碎巷道全空间桁架锚索协同支护研究[J]. 煤炭科学技术,2016,44(3):1-6.
[48] 薛华俊. 大断面软弱煤帮巷道注浆体力学特性与控制技术研究[D]. 北京:中国矿业大学(北京),2016.
[49] 蒋宏伟. 锚索有效锚固长度及其对粘结强度取值影响研究[D]. 长沙:湖南大学,2015.
[50] 刘长源,赵天佑. 采空侧动压回采巷道底鼓机理分析及防治技术[J]. 山东煤炭科技,2020,38(9):47-48.
[51] 林健,郭凯,孙志勇,等. 强烈动压巷道水力压裂切顶卸压压裂时机研究[J]. 煤炭学报,2021(增刊1):140-148.
[52] WANG T,MA Z G,GONG P,et al. Analysis of failure characteristics and strength criterion of coal-rock combined body with different height ratios [J]. Advances in civil engineering,2020,2020(1):8842206.
[53] BAI Q S,TU S H,WANG F T,et al. Field and numerical investigations of gateroad system failure induced by hard roofs in a longwall top coal

caving face[J]. International journal of coal geology,2017,173:176-199.
[54] 何富连,姚再峰,李士俊,等.巨高巷道帮不稳定三角块滑移及控制[J].岩石力学与工程学报,2015,34(增刊1):3238-3248.
[55] 赵一超.城郊矿深部软岩复合顶板煤巷"帮顶同治"支护原理及应用[D].徐州:中国矿业大学,2015.
[56] 郭东明.湖西矿井深部煤岩组合体宏细观破坏试验与理论研究[D].北京:中国矿业大学(北京),2010.
[57] 王猛,王襄禹,肖同强.深部巷道钻孔卸压机理及关键参数确定方法与应用[J].煤炭学报,2017,42(5):1138-1145.
[58] 余伟健,吴根水,刘海,等.薄煤层开采软弱煤岩体巷道变形特征与稳定控制[J].煤炭学报,2018,43(10):2668-2678.
[59] LI Y,LI C,ZHANG L,et al. An experimental investigation on mechanical property and anchorage effect of bolted jointed rock mass[J]. Geosciences journal,2017,21(2):253-265.
[60] WU X Z,JIANG Y J,GONG B,et al. Behaviour of rock joint reinforced by energy-absorbing rock bolt under cyclic shear loading condition[J]. International journal of rock mechanics and mining sciences,2018,110:88-96.
[61] LIU X S,TAN Y L,NING J G,et al. Mechanical properties and damage constitutive model of coal in coal-rock combined body[J]. International journal of rock mechanics and mining sciences,2018,110:140-150.
[62] 连会青,杨俊文,雷玉娟.水泥-粉煤灰-水玻璃注浆材料强度影响因素试验研究[J].煤炭工程,2018,50(12):107-112.
[63] 张尚专.云泉矿半煤岩巷道稳定性控制技术研究[D].徐州:中国矿业大学,2019.
[64] 余伟健,冯涛,王卫军,等.软弱半煤岩巷围岩的变形机制及控制原理与技术[J].岩石力学与工程学报,2014,33(4):658-671.
[65] 朱继光.沿空掘巷锚固系统破坏机理及支护技术研究[D].青岛:山东科技大学,2015.
[66] ZHAO Y X,GONG S,HAO X J,et al. Effects of loading rate and bedding on the dynamic fracture toughness of coal:Laboratory experiments[J]. Engineering fracture mechanics,2017,178:375-391.
[67] ZHAO Z H,WANG W M,DAI C Q,et al. Failure characteristics of three-body model composed of rock and coal with different strength and

stiffness[J]. Transactions of nonferrous metals society of China,2014,24(5):1538-1546.

[68] ZHANG Y,FENG X T,YANG C X,et al. Fracturing evolution analysis of Beishan granite under true triaxial compression based on acoustic emission and strain energy[J]. International journal of rock mechanics and mining sciences,2019,117:150-161.

[69] SUN Y J,ZUO J P,KARAKUS M,et al. Investigation of movement and damage of integral overburden during shallow coal seam mining[J]. International journal of rock mechanics and mining sciences,2019,117:63-75.

[70] LI D X,WANG E Y,KONG X G,et al. Mechanical behaviors and acoustic emission fractal characteristics of coal specimens with a pre-existing flaw of various inclinations under uniaxial compression[J].International journal of rock mechanics and mining sciences,2019,116:38-51.

[71] ZHOU L,ZHU Z M,QIU H,et al. Study of the effect of loading rates on crack propagation velocity and rock fracture toughness using cracked tunnel specimens[J]. International journal of rock mechanics and mining sciences,2018,112:25-34.

[72] 陶荣龙.循环荷载下裂隙复合煤岩体力学试验研究[D].淮南:安徽理工大学,2019.

[73] 刘泉声,刘恺德,朱杰兵,等.高应力下原煤三轴压缩力学特性研究[J].岩石力学与工程学报,2014,33(1):24-34.

[74] ALEXEEV A D,REVVA V N,BACHURIN L L,et al. The effect of stress state factor on fracture of sandstones under true triaxial loading[J]. International journal of fracture,2008,149(1):1-10.

[75] WEN J H,TANG Z,DYSON A P,et al. The mechanical behaviour of pre-existing transverse cracks in lignite under uniaxial compression[J]. Geomechanics and geophysics for geo-energy and geo-resources,2020,7(1):6.

[76] ZHANG X P,WONG L N Y. Cracking processes in rock-like material containing a single flaw under uniaxial compression: a numerical study based on parallel bonded-particle model approach[J]. Rock mechanics and rock engineering,2012,45(5):711-737.

[77] CAO W Z,YILDIRIM B,DURUCAN S,et al.Fracture behaviour and seismic response of naturally fractured coal subjected to true triaxial

stresses and hydraulic fracturing[J]. Fuel,2021,288:119618.
[78] 左建平,陈岩,张俊文,等.不同围压作用下煤-岩组合体破坏行为及强度特征[J].煤炭学报,2016,41(11):2706-2713.
[79] 左建平,宋洪强,陈岩,等.煤岩组合体峰后渐进破坏特征与非线性模型[J].煤炭学报,2018,43(12):3265-3272.
[80] 左建平,谢和平,吴爱民,等.深部煤岩单体及组合体的破坏机制与力学特性研究[J].岩石力学与工程学报,2011,30(1):84-92.
[81] 李成杰,徐颖,冯明明,等.单轴荷载下类煤岩组合体变形规律及破坏机理[J].煤炭学报,2020,45(5):1773-1782.
[82] 杨科,刘文杰,窦礼同,等.煤岩组合体界面效应与渐进失稳特征试验[J].煤炭学报,2020,45(5):1691-1700.
[83] 窦林名,田京城,陆菜平,等.组合煤岩冲击破坏电磁辐射规律研究[J].岩石力学与工程学报,2005,24(19):3541-3544.
[84] 陆菜平.组合煤岩的强度弱化减冲原理及其应用[D].徐州:中国矿业大学,2008.
[85] 谭云亮,郭伟耀,辛恒奇,等.煤矿深部开采冲击地压监测解危关键技术研究[J].煤炭学报,2019,44(1):160-172.
[86] GUO D M,ZUO J P,ZHANG Y,et al. Research on strength and failure mechanism of deep coal-rock combination bodies of different inclined angles[J]. Rock & soil mechanics,2011,32(5):1333-1339.
[87] HUANG B X,LIU J W.The effect of loading rate on the behavior of samples composed of coal and rock [J].International journal of rock mechanics and mining sciences,2013,61:23-30.
[88] 齐庆新,高作志,王升.层状煤岩体结构破坏的冲击矿压理论[J].煤矿开采,1998,3(2):14-17.
[89] 李纪青,齐庆新,毛德兵,等.应用煤岩组合模型方法评价煤岩冲击倾向性探讨[C]//第九届全国岩石动力学学术会议论文集.武汉,2005.
[90] 刘波,杨仁树,郭东明,等.孙村煤矿-1 100 m水平深部煤岩冲击倾向性组合试验研究[J].岩石力学与工程学报,2004,23(14):2402-2408.
[91] 姜耀东,王涛,宋义敏,等.煤岩组合结构失稳滑动过程的实验研究[J].煤炭学报,2013,38(2):177-182.
[92] MOHR O.Welche umstände bedingen die elastizitätsgrenze und den bruch eines materials? [J].Zeitschrift des vereines deutscher ingenieure,1900,45(44):1524-1530.

[93] COULOMB C A.Essai sur une application des règles de maximus et minimis à quelques problèmes de statique relatifs à l'architecture[J]. Memoires de mathématique et de physique présentés a l'académie royale des sciences, par divers savans, et lûs dans ses assemblées, 1776(7): 343-382.

[94] HOEK E,BROWN E T. Practical estimates of rock mass strength[J]. International journal of rock mechanics and mining sciences,1997,34(8): 1165-1186.

[95] HOEK E,BROWN E T. Empirical strength criterion for rock masses[J]. Journal of the geotechnical engineering division,1980,106(9):1013-1035.

[96] SHI X C, YANG X, MENG Y F, et al. Modified Hoek-Brown failure criterion for anisotropic rocks[J]. Environmental earth sciences,2016,75(11):991-995.

[97] HOEK E, WOOD D. Modified Hoek-Brown failure criterion for jointed rock masses[J]. International journal of rock mechanics and mining sciences & geomechanics abstracts,1993,30(4):A215.

[98] RAFIEI RENANI H, CAI M. Forty-year review of the Hoek-Brown failure criterion for jointed rock masses[J].Rock mechanics and rock engineering,2022,55(1):439-461.

[99] MATSUOKA H, NAKAI T. Stress-strain relationship of soil based on the SMP[C]//The 9th SMFE International Conference.Tokyo, 1977: 153-162.

[100] MATSUOKA H.The SMP concept-based 3D constitutive models for geomaterials[M]. [S. l.]:CRC Press,2014.

[101] LADE P V,DUNCAN J M. Closure of "elastoplastic stress-strain theory for cohesionless soil"[J]. Journal of geotechnical and geoenvironmental engineering,1978,104(1):220-221.

[102] LADE P V, DUNCAN J M. Elastoplastic stress-strain theory for cohesionless soil[J]. Journal of the geotechnical engineering division, 1975,101(10):1037-1053.

[103] POUL V L D.Elasto-plastic stress-strain theory for cohesionless soil with curved yield surfaces[J]. International journal of solids and structures,1977, 13(11):1019-1035.

[104] DRUCKER D C,PRAGER W.Soil mechanics and plastic analysis or limit

design[J]. Quarterly of applied mathematics,1952,10(2):157-165.

[105] 王红才,赵卫华,孙东生,等. 岩石塑性变形条件下的 Mohr-Coulomb 屈服准则[J]. 地球物理学报,2012,55(12):4231-4238.

[106] 曹艺辉,李铀. Mohr-Coulomb 准则的试验验证与修正[J]. 中南大学学报(自然科学版),2020,51(2):399-410.

[107] BAGHERIPOUR M H, RAHGOZAR R, PASHNESAZ H, et al. A complement to Hoek-Brown failure criterion for strength prediction in anisotropic rock[J]. Geomechanics and engineering,2011,3(1):61-81.

[108] 翟所业,贺宪国. 巷道围岩塑性区的德鲁克-普拉格准则解[J]. 地下空间与工程学报,2005,1(2):223-226.

[109] ZHU J M, WU Z X, ZHAO Q, et al.Stury of post-failure constitutive relation based on SMP criterion[J].Advanced materials research,2013,790:405-409.

[110] 李波,栾茂田. 基于 SMP 破坏准则的柱形孔扩张问题理论分析[J]. 大连理工大学学报,2006,46(2):246-251.

[111] SAROGLOU H, TSIAMBAOS G.A modified Hoek-Brown failure criterion for anisotropic intact rock[J].International journal of rock mechanics and mining sciences,2008,45(2):223-234.

[112] REZAIEE-PAJAND M, NASIRAI C.On the integration schemes for Drucker-Prager's elastoplastic models based on exponential maps[J]. International journal for numerical methods in engineering, 2008, 74(5):799-826.

[113] COLAK K, UNLU T.Effect of transverse anisotropy on the Hoek-Brown strength parameter 'mi' for intact rocks[J].International journal of rock mechanics and mining sciences,2004,41(6):1045-1052.

[114] ZUBELDIA E H, FOURTAKAS G, ROGERS B D, et al. Multi-phase SPH model for simulation of erosion and scouring by means of the shields and Druck-Prager criteria[J].Advances in water resources,2018,117:98-114.

[115] CICEKLI U, VOYIADJIS G Z, ABU AL-RUB R K. A plasticity and anisotropic damage model for plain concrete[J]. International journal of plasticity,2007,23(10/11):1874-1900.

[116] 赵尚毅,郑颖人,刘明维,等. 基于 Drucker-Prager 准则的边坡安全系数定义及其转换[J]. 岩石力学与工程学报,2006,25(增刊 1):2730-2734.

[117] KACHANOV L M. Time of the rupture process under creep conditions, Izy Akad[J]. Nank S. S. R. Otd Tech Nauk,1958,23:26-31.

[118] RABOTNOV Y N. On the equation of state of creep[J]. Proceedings of the institution of mechanical engineers conference proceedings,1963,178(31):117-122.

[119] LEMAITRE J. How to use damage mechanics[J]. Nuclear engineering and design,1984,80(2):233-245.

[120] LEMAITRE J,CHABOCHE J L.Aspect phénoménologique de la ruptare par endommagement[J]. Journal de mecanique appliquee,1978,2:317-365.

[121] CHABOCHE J L.Lifetime predictions and cumulative damage under high-temperature conditions[M]//AMZALLAG C,LEIS B N,RABBE P. Low-cycle fatigue and life prediction.[S. l.]: ASTM International, 1982:81-104.

[122] CHABOCHE J L.Continuous damage mechanics: a tool to describe phenomena before crack initiation[J]. Nuclear engineering and design, 1981,64(2):233-247.

[123] KRAJCINOVIC D,SILVA M A G. Statistical aspects of the continuous damage theory[J]. International journal of solids and structures,1982, 18(7):551-562.

[124] KRAJCINOVIC D. Continuous damage mechanics revisited:basic concepts and definitions[J]. Journal of applied mechanics,1985,52(4):829-834.

[125] DOUGILL J,LAU J,BURT N. Towards a theoretical model for progressive failure and softening in rock,concrete and similar materials[C]//DUBEY R N, LIND N C. Mechanics in Engineering: Proceedings of the 1st ASCE-EMD Specialty Conference on Mechanics in Engineering. Waterloo:University of Waterloo,1976:335-355.

[126] 唐春安,李连崇,李常文,等.岩土工程稳定性分析 RFPA 强度折减法[J].岩石力学与工程学报,2006,25(8):1522-1530.

[127] 张超,杨期君,曹文贵.考虑峰值后区应力跌落速率的脆岩损伤本构模型研究[J].岩土力学,2019,40(8):3099-3106.

[128] 曹文贵,赵衡,张永杰,等.考虑体积变化影响的岩石应变软硬化损伤本构模型及参数确定方法[J].岩土力学,2011,32 (3):647-654.

[129] CAO W G,TAN X,ZHANG C,et al. Constitutive model to simulate full deformation and failure process for rocks considering initial compression

and residual strength behaviors[J]. Canadian geotechnical journal,2019,56(5):649-661.

[130] 曹文贵,李翔,刘峰. 裂隙化岩体应变软化损伤本构模型探讨[J]. 岩石力学与工程学报,2007,26(12):2488-2494.

[131] 曹文贵,张升. 基于 Mohr-Coulomb 准则的岩石损伤统计分析方法研究[J]. 湖南大学学报(自然科学版),2005,32(1):43-47.

[132] 曹文贵,张升,赵明华. 基于新型损伤定义的岩石损伤统计本构模型探讨[J]. 岩土力学,2006,27(1):41-46.

[133] 曹文贵,赵衡,张玲,等. 考虑损伤阀值影响的岩石损伤统计软化本构模型及其参数确定方法[J]. 岩石力学与工程学报,2008,27(6):1148-1154.

[134] PETUKHOV I M,LINKOV A M. The theory of post-failure deformations and the problem of stability in rock mechanics[J]. International journal of rock mechanics and mining sciences & geomechanics abstracts,1979,16(2):57-76.

[135] 左建平,陈岩,宋洪强,等. 煤岩组合体峰前轴向裂纹演化与非线性模型[J]. 岩土工程学报,2017,39(9):1609-1615.

[136]ZHAO Z,LV X,WANG W,et al. Damage evolution of bi-body model composed of weakly cemented soft rock and coal considering different interface effect[J]. Springerplus,2016,5:1-19.

[137] GUO W Y,TAN Y L,YU F H,et al. Mechanical behavior of rock-coal-rock specimens with different coal thicknesses[J].Geomechanics and engineering,2018,15(4):1017-1027.

[138] HE Z Q,XIE H P,GAO M Z,et al. The fracturing models of hard roofs and spatiotemporal law of mining-induced stress in a top coal caving face with an extra-thick coal seam[J]. Geomechanics and geophysics for geo-energy and geo-resources,2020,7(1):2.

[139] GUO H,MING J I,ZHAO W. Roadway support design based on in situ stress and its asymmetrical distributions in a coal mine[J]. Archives of mining sciences,2020,65(2):299-315.

[140] 张明,姜福兴,李克庆,等. 巨厚岩层-煤柱系统协调变形及其稳定性研究[J]. 岩石力学与工程学报,2017,36(2):326-334.

[141] 王辉,郑朋强,赵文娟,等. 深部软岩巷道变形破坏机制及联合支护技术[J]. 中南大学学报(英文版),2018,25(5):284-294.

[142] 郑赟. 动静载组合作用下沿空留巷围岩变形机理与支护优化研究[D]. 北

京:中国矿业大学(北京),2017.
[143] SKRZYPKOWSKI K,KORZENIOWSKI W,ZAGÓRSKI K,et al. Flexibility and load-bearing capacity of roof bolting as functions of mounting depth and hole diameter[J]. Energies,2019,12(19):3754.
[144] XUE G Z,GU C,FANG X Q,et al. A case study on large deformation failure mechanism and control techniques for soft rock roadways in tectonic stress areas[J]. Sustainability,2019,11(13):3510.
[145] 文志杰,张瑞新,杨涛,等.基于应力梯度理论的锚杆合理预紧力[J].煤炭学报,2018,43(12):3309-3319.
[146] 张广超,何富连,来永辉,等.千米埋深煤矿巷道围岩稳定性研究[J].中南大学学报(英文版),2018,25(6):140-152.
[147] WANG G F,LI G,DOU L M,et al. Applicability of energy-absorbing support system for rockburst prevention in underground roadways[J]. International journal of rock mechanics and mining sciences, 2020, 132:104396.
[148] 陈绍杰,刘兴全,朱彦,等.条带煤柱渐进破坏特征与机制试验研究[J].采矿与安全工程学报,2019,36(2):215-222.
[149] 单仁亮,鲍永生,原鸿鹄.厚顶煤巷道顶帮整体锚固支护体系研究与应用[J].煤炭科学技术,2018,46(4):93-99.
[150] 王浩.采动应力场下地质弱面张剪活化诱冲机制及防治研究[D].北京:中国矿业大学(北京),2018.
[151] 尹万蕾,潘一山,李忠华.考虑塑性区强度参数劣化的圆形巷道冲击地压临界条件研究[J].煤炭学报,2018,43(2):348-355.
[152] ZHANG G C,HE F L,LAI Y H,et al. Ground stability of underground gateroad with 1 km burial depth:a case study from Xingdong coal mine, China[J]. Journal of Central South University,2018,25(6):1386-1398.
[153] YANG S Q,CHEN M,FANG G,et al. Physical experiment and numerical modelling of tunnel excavation in slanted upper-soft and lower-hard strata[J]. Tunnelling and underground space technology,2018,82:248-264.
[154] ZHANG M L,ZHANG Y D. Stability evaluation method for gateways in closely spaced coal seams and surrounding rock control technology[J]. Arabian journal for science and engineering,2018,43(10):5469-5485.
[155] ZHANG J P,LIU L M,CAO J Z,et al.Mechanism and application of concrete-filled steel tubular support in deep and high stress roadway[J].

Construction and building materials,2018,186:233-246.

[156] SUN X. A yielding bolt-grouting support design for a soft-rock roadway under high stress:a case study of the Yuandian No. 2 coal mine in China [J]. Journal of the Southern African Institute of Mining and Metallurgy, 2018,118(1):71-82.

[157] 贺永年,韩立军,王衍森. 岩石力学简明教程[M]. 徐州:中国矿业大学出版社,2010.

[158] 北京煤炭科学研究所建井室及阜新矿院. 煤矿掘进技术译文集 第一集 锚杆支护[M]. 北京:煤炭工业出版社,1976.

[159] 谭云亮,姜福兴,刘传孝,等. 受采动影响巷道两帮破坏范围探测研究[J]. 煤炭科学技术,1999,27(3):39-41.

[160] 谭云亮,郭伟耀,赵同彬,等. 深部煤巷帮部失稳诱冲机理及"卸-固"协同控制研究[J]. 煤炭学报,2020,45(1):66-81.

[161] 陈建功,贺虎,张永兴. 巷道围岩松动圈形成机理的动静力学解析[J]. 岩土工程学报,2011,33(12):1964-1968.

[162] 王连国,李明远,王学知. 深部高应力极软岩巷道锚注支护技术研究[J]. 岩石力学与工程学报,2005,24(16):2889-2893.

[163] 蒋邦友,王连国,顾士坦,等. 基于能量原理的深埋隧洞 TBM 施工岩爆机理分析[J]. 采矿与安全工程学报,2017,34(6):1103-1109.

[164] 蒋邦友,谭云亮,王连国,等. 基于 Mogi-Coulomb 准则的弹塑性损伤本构模型及其数值实现[J]. 中国矿业大学学报,2019,48(4):784-792.

[165] BROWN E T,BRAY J W,LADANYI B,et al. Ground response curves for rock tunnels[J]. Journal of geotechnical engineering,1983,109(1): 15-39.

[166] SHARAN S K. Analytical solutions for stresses and displacements around a circular opening in a generalized Hoek-Brown rock [J]. International journal of rock mechanics and mining sciences, 2008, 45 (1):78-85.

[167] SHARAN S K. An iterative method for the linearization of nonlinear failure criteria[J]. Advances in engineering software,2018,117:89-94.

[168] REED G,MCTYER K,FRITH R. An assessment of coal pillar system stability criteria based on a mechanistic evaluation of the interaction between coal pillars and the overburden [J]. International journal of mining science and technology,2017,27(1):9-15.

[169] ZHENG H,LIU D F,LEE C F,et al. Principle of analysis of brittle-plastic rock mass[J].International journal of solids and structures,2005,42(1):139-158.

[170] PARK K H,TONTAVANICH B,LEE J G.A simple procedure for ground response curve of circular tunnel in elastic-strain softening rock masses[J]. Tunnelling and underground space technology,2008,23(2):151-159.

[171] PARK K H,KIM Y J. Analytical solution for a circular opening in an elastic-brittle-plastic rock[J]. International journal of rock mechanics and mining sciences,2006,43(4):616-622.

[172] WANG S L,YIN X T,TANG H,et al. A new approach for analyzing circular tunnel in strain-softening rock masses[J]. International journal of rock mechanics and mining sciences,2010,47(1):170-178.

[173] 钱鸣高,许家林. 煤炭开采与岩层运动[J]. 煤炭学报,2019,44(4):5-16.

[174] 钱鸣高,石平五,许家林. 矿山压力与岩层控制[M]. 2 版. 徐州:中国矿业大学出版社,2010.

[175] 左建平,孙运江,钱鸣高. 厚松散层覆岩移动机理及“类双曲线”模型[J]. 煤炭学报,2017,42(6):1372-1379.

[176] 康红普,姜鹏飞,黄炳香,等. 煤矿千米深井巷道围岩支护-改性-卸压协同控制技术[J]. 煤炭学报,2020,45(3):845-864.

[177] 康红普,徐刚,王彪谋,等. 我国煤炭开采与岩层控制技术发展 40a 及展望[J]. 采矿与岩层控制工程学报,2019,1(2):7-39.

[178] 康红普. 我国煤矿巷道围岩控制技术发展 70 年及展望[J]. 岩石力学与工程学报,2021,40(1):1-30.

[179] 康红普. 煤炭开采与岩层控制的空间尺度分析[J]. 采矿与岩层控制工程学报,2020(2):5-30.

[180] 王襄禹,柏建彪,李伟. 高应力软岩巷道全断面松动卸压技术研究[J]. 采矿与安全工程学报,2008,25(1):37-40,45.

[181] 侯朝炯,王襄禹,柏建彪,等. 深部巷道围岩稳定性控制的基本理论与技术研究[J]. 中国矿业大学学报,2021,50(1):1-12.

[182] 袁亮,薛俊华,刘泉声,等. 煤矿深部岩巷围岩控制理论与支护技术[J]. 煤炭学报,2011,36(4):535-543.

[183] 常聚才,谢广祥. 深部巷道围岩力学特征及其稳定性控制[J]. 煤炭学报,2009,34(7):881-886.

[184] GERRARD C. Shear failure of rock joints: appropriate constraints for empirical relations [J]. International Journal of rock mechanics and mining sciences & geomechanics abstracts, 1986, 23(6): 421-429.
[185] 王刚,李术才,王书刚,等. 节理岩体大型地下洞室群稳定性分析[J]. 岩土力学,2008,29(1):261-268.
[186] 刘泉声,雷广峰,彭星新,等. 锚杆锚固对节理岩体剪切性能影响试验研究及机制分析[J]. 岩土力学,2017,38(增刊1):27-35.
[187] 金淦,王连国,李兆霖,等. 深部半煤岩回采巷道变形破坏机理及支护对策研究[J]. 采矿与安全工程学报,2015,32(6):963-967.
[188] 罗吉安,王连国,侯化强. 薄煤层回采巷道煤岩体结构面研究初探[J]. 矿业研究与开发,2014,34(2):22-25.
[189] 王猛,肖同强,高杰,等. 基于煤岩结构面剪切作用下半煤岩巷变形机制及控制研究[J]. 采矿与安全工程学报,2017,34(3):527-534.
[190] 彭俊,荣冠,蔡明,等. 基于一种脆性指标确定岩石残余强度[J]. 岩土力学,2015,36(2):403-408.
[191] TAN Y L, LIU X S, SHEN B, et al. New approaches to testing and evaluating the impact capability of coal seam with hard roof and/or floor in coal mines[J]. Geomechanics and engineering, 2018, 14(4): 367-376.
[192] SUN J S, LU W B, ZHU Q H, et al. Elasto-plastic analysis of circular tunnels in jointed rock masses satisfy the hoek-brown failure criterion [J]. Journal of China University of Mining and Technology, 2007, 17(3): 393-398.
[193] 伍法权,乔磊,管圣功,等. 小尺寸岩样单轴压缩试验尺寸效应研究[J]. 岩石力学与工程学报,2021,40(5):865-873.
[194] 朱其志,闵中泽,王岩岩,等. 粉砂岩三轴压缩试验中的试样尺寸效应研究[J]. 岩石力学与工程学报,2019,38(增刊2):3296-3303.
[195] 陈庆发,郑文师,牛文静,等. 裂隙岩体几何与力学尺寸效应的关联性研究[J]. 岩石力学与工程学报,2019,38(增刊1):2857-2870.
[196] 唐春安,徐小荷. 岩石全应力-应变过程的统计损伤理论分析[J]. 东北工学院学报,1987,8(2):191-195.
[197] 曹文贵,莫瑞,李翔. 基于正态分布的岩石软硬化损伤统计本构模型及其参数确定方法探讨[J]. 岩土工程学报,2007,29(5):671-675.
[198] 张超. 脆性岩石变形机理及其变形过程模拟方法研究[D]. 长沙:湖南大学,2017.

[199] 陈育民,徐鼎平. FLAC/FLAC3D 基础与工程实例[M]. 2 版. 北京:中国水利水电出版社,2013.
[200] 孙书伟,林杭,任连伟. FLAC3D 在岩土工程中的应用[M]. 北京:中国水利水电出版社,2011.
[201] 陈梁. 采动影响下大倾角煤层巷道围岩破裂演化与失稳机理研究[D]. 徐州:中国矿业大学,2020.